高等职业教育"互联网+"新形态一体化教材

产品设计手板模型制作案例解析

李　程　李汾娟　著

机械工业出版社

本书以工业设计师职业岗位对手板模型制作需求实际为出发点，以制作项目为导向，以任务为驱动，通过六个进阶案例讲解的方式解析工业设计行业手板模型的制作流程与方法。主要内容包括手板模型设计与制作导论，多边形模型设计与制作——便笺盒手板模型制作，曲面模型设计与制作——灯具手板模型制作，组合模型设计与制作——音箱手板模型制作，复杂组合模型设计、制作与表面处理——闹钟手板模型制作，多种材质组合模型设计与制作——调味瓶手板模型制作，综合模型设计与制作——笔记本电脑手板模型制作。

本书可作为高等职业院校工业设计专业、产品艺术设计专业教材，也可作为相关从业人员的参考用书。

本书配有电子教案、PPT 课件、视频教程与制作程序文件，形成全方位的学习资源，凡使用本书作为教材的教师可登录机械工业出版社教育服务网 www.cmpedu.com 注册后免费下载。咨询电话：010-88379375。

图书在版编目（CIP）数据

产品设计手板模型制作案例解析/李程，李汾娟著．—北京：机械工业出版社，2020.7

高等职业教育"互联网+"新形态一体化教材

ISBN 978-7-111-65448-3

Ⅰ．①产…　Ⅱ．①李…②李…　Ⅲ．①工业产品-产品模型-制作-高等职业教育-教材　Ⅳ．①TB476

中国版本图书馆 CIP 数据核字（2020）第 068707 号

机械工业出版社（北京市百万庄大街 22 号　邮政编码 100037）

策划编辑：刘良超　责任编辑：刘良超

责任校对：樊钟英　封面设计：鞠　杨

责任印制：张　博

北京宝隆世纪印刷有限公司印刷

2020 年 8 月第 1 版第 1 次印刷

184mm×260mm·13.5 印张·328 千字

0001—1900 册

标准书号：ISBN 978-7-111-65448-3

定价：59.80 元

电话服务　　　　　　　　网络服务

客服电话：010-88361066　　机　工　官　网：www.cmpbook.com

　　　　　010-88379833　　机　工　官　博：weibo.com/cmp1952

　　　　　010-68326294　　金　书　网：www.golden-book.com

封底无防伪标均为盗版　　机工教育服务网：www.cmpedu.com

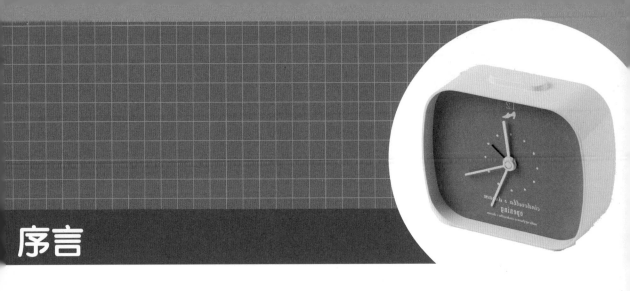

序言

本书以工业设计师职业岗位对手板模型制作需求实际为出发点，以制作项目为导向，以任务为驱动，通过六个进阶案例讲解的方式解析工业设计行业手板模型的制作流程与方法。

全书将职场中工业设计师需要的模型制作专业知识和职业技能进行分解，融入六个设计案例中。以项目制作案例作为驱动，从浅入深、由表及里，逐步巩固、加强、深入，直至学习者掌握所需要学习的知识与方法。通过模型制作案例介绍手板模型设计与制作的流程以及相关技能和设备的使用，这种学习方法符合学习认知规律，能够让学习者将主要关注点放在掌握手板模型设计与制作的实务能力上，同时激发学习者掌握制作技能的兴趣。

在讲述每章内容时，首先提出该部分的项目介绍以及学习目标，结合案例说明典型工作流程，再详细进行模型制作案例的解析。在案例讲解后给出考核与评分标准，通过学习效果自测检查理论掌握情况，通过模型制作评分标准检测制作技能掌握程度。本书七个章节均配有详细的电子教案、PPT课件、视频教程与制作程序文件，形成全方位的学习资源。

本书由苏州工艺美术职业技术学院李程和苏州工业园区职业技术学院李汾娟著写，其中李程负责第一章、第二~第七章中除前期分析与拆图、CNC编程与加工部分的著写及全书统稿工作，李汾娟负责第二~第七章中前期分析与拆图、CNC编程与加工部分的著写及全书审稿工作。

本书为国家高等职业教育艺术设计（工业设计）专业教学资源库"产品模型设计与制作"课程配套用书。本书得到江苏高校"青蓝工程"资助。感谢苏州大千模型制作科技有限公司总经理张志平、苏州力智伟业模型制造有限公司总经理廖水德、苏州荣创模型制作有限公司总经理廖志华为本书案例制作提供拍摄场地与技术支持。感谢李苏南、王彬、王首栋、黎艳、刘颖、王盼佳等同学所做的制作案例摄影摄像、后期制作与文本整理工作。感谢苏州工艺美术职业技术学院平国安老师、上海工艺美术职业学院王华杰老师对本书编写的鼓励与支持。

由于著者水平有限，书中错漏和不当之处在所难免，恳请专家和读者批评指正。

著　者

二维码索引

二维码索引

V

名　　称	二维码	页码	名　　称	二维码	页码
04.7　使用 Mastercam 编写音箱主体正面 CNC 加工程序		83	05.6　使用 Mastercam 编写闹钟按键与主体拆分件正面 CNC 加工程序		108
04.8　使用 Mastercam 编写音箱主体反面 CNC 加工程序		85	05.7　使用 Mastercam 编写闹钟主体拆分件反面 CNC 加工程序		113
04.9　使用 CNC 加工中心进行音箱各个拆分件加工		86	05.8　使用 Mastercam 编写闹钟指针面板与按键卡位拆分件 CNC 加工程序		114
04 10　使用砂纸和刮刀进行音箱加工件后期手工修整与组装工作		91	05.9　使用 CNC 加工中心进行闹钟主体拆分件加工		115
04.11　借助 PANTONE 色卡调漆喷涂表面处理效果并组装音箱		94	05.10　使用 CNC 加工中心进行闹钟指针与按键拆分件加工		118
05.1　闹钟加工文件整理		99	05.11　使用砂纸和刮刀进行闹钟加工件后期手工修正与组装工作		119
05.2　使用 Adobe Illustrator 制作闹钟 CMF 文件		99	05.12　借助 PANTONE 色卡调漆与油墨喷涂表面处理效果与丝印拆分件并组装闹钟		123
05.3　使用 Creo 拆分闹钟指针与按键		101	06.1　调味瓶加工文件整理		130
05.4　使用 Creo 拆分闹钟主体与旋转轴		103	06.2　使用 Adobe Illustrator 制作调味瓶 CMF 文件		130
05.5　使用 Mastercam 编写闹钟指针拆分件 CNC 加工程序		106	06.3　使用 Creo 进行调味瓶 3D 图档的分析与拆图工作		131

产品设计手板模型制作案例解析

一维码索引

名　　称	二维码	页码	名　　称	二维码	页码
07.4　使用 Creo 拆分笔记本电脑转轴与旋钮		172	07.14　使用 Mastercam 编写笔记本电脑底部散热拆分件 CNC 加工程序		186
07.5　使用 Creo 拆分笔记本电脑转轴干扰测试		174	07.15　使用 Mastercam 编写笔记本电脑旋钮与转轴拆分件 CNC 加工程序		186
07.6　使用 Creo 拆分笔记本电脑散热件与显示屏		174	07.16　使用 Mastercam 编写笔记本电脑音响拆分件 CNC 加工程序		188
07.7　使用 Creo 拆分笔记本电脑键盘与音响件		176	07.17　使用 CNC 加工中心进行笔记本电脑底座与上盖拆分件加工		188
07.8　使用 Mastercam 拾取笔记本电脑底座加工程序		177	07.18　使用 CNC 加工中心进行笔记本电脑旋钮与散热拆分件加工		192
07.9　使用 Mastercam 编写笔记本电脑底座正面 CNC 加工程序		177	07.19　使用砂纸和刮刀进行笔记本电脑底座加工件后期手工修正与组装工作		194
07.10　使用 Mastercam 编写笔记本电脑底座反面 CNC 加工程序		182	07.20　使用砂纸和刮刀进行笔记本电脑上盖与键盘加工件后期手工修正与组装工作		195
07.11　使用 Mastercam 编写笔记本电脑上盖与键盘 CNC 加工程序		184	07.21　借助 PANTONE 色卡调漆喷涂表面处理效果		196
07.12　使用 Mastercam 编写笔记本电脑侧边散热拆分件 CNC 加工程序		185	07.22　借助 PANTONE 色卡调油墨丝印拆分件并组装笔记本电脑		198
07.13　使用 Mastercam 编写笔记本电脑亚克力件 CNC 加工程序		185			

产品设计手板模型制作案例解析

目录

产品设计手板模型制作案例解析

第一章

手板模型设计与制作导论

一、手板模型的定义与必要性

　　手板模型是指根据产品设计的外观图或结构图制作出来的产品样板或产品模型（图1-1），可用来检测和评价产品外观、机构的合理性，也可用于向市场提供样品，以便收集市场反馈信息，根据市场反馈信息对产品进行改进后再开模进行批量生产。

01.1 手板模型设计与制作理论讲解

图1-1　手板模型示例

　　手板模型制作是产品设计学习过程中的重要环节，通过模型制作，设计师能够获得空间造型知识，用空间形态方式表达设计构思，并把设计创意更好地付诸实践。产品设计从业者学习手板模型制作的目的主要有三个方面：获得立体表达设计的知识；将模型制作作为设计实践的过程；将制作出来的样品作为展示、评价、验证设计的实物依据。

　　通过手板模型的验证，可以降低直接制造的风险，也更容易在批量生产前看到产品全貌，有利于在市场竞争中占得先机。手板模型处在产品设计与批量生产环节之间，起到了桥梁作用，为产品设计走向市场提供了高效、快捷、经济的解决方案（图1-2）。

1

产品外观设计 — 产品结构设计

手板模型验证 ↔ 产品批量生产

产品走向市场的桥梁

图 1-2　手板模型作用示意图

二、手板模型的分类

（一）外观手板

外观手板是按照产品的外观设计图样生产的产品样板（图 1-3）。外观手板是可视的、可触摸的实体，它可以很直观地以实物的形式把设计师的创意反映出来，避免了"画出来好看而做出来不好看"的弊端。借助外观手板，能直观地评价造型设计方案的人机合理性、赋予色彩、材质表达、产品整体形态。因此，外观手板对检验和优化产品的外观设计有举足轻重的作用。

a) 闹钟外观手板模型

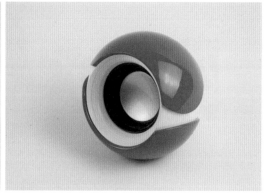

b) 音箱外观手板模型

图 1-3　外观手板

（二）结构手板

结构手板是按照产品的结构设计图样生产的可装配的、可实现真实功能的产品样板（图 1-4）。结构手板对产品装配工艺合理性、装配的难易度、模具制造工艺及生产工艺的分析和评价都能起到非常直观的作用，方便设计者及早发现问题，优化设计方案，降低直接开模风险。

（三）模型手板

模型手板是按照产品或产品图样，以一定的（放大/缩小）比例生产的产品模型（图 1-5）。模型手板一般用于参加展会等市场推广、商业洽谈活动，为企业赢得市场先机。

图 1-4　结构手板

图 1-5　模型手板

三、手板模型的发展过程

早期的手板模型因为受到各种条件的限制，其大部分工作都是手工完成的，使得手板模型的加工期长且很难严格达到外观和结构图样的尺寸要求，因而其检查外观或结构合理性的功能也大打折扣。

随着科技的进步，CAD 和 CAM 技术的快速发展，为手板模型制造提供了更好的技术支持。一方面，数控加工中心（CNC）、精雕机、数控铣床、激光成型机以及大量的后期工艺制作配套设备的普及使手板制作拥有了真正意义上的"精确""快速"和"绚丽"；另一方面，随着市场竞争的日益激烈，产品的开发速度日益成为竞争的主要矛盾，而现代化工艺的手板制作恰恰能有效地提高产品开发的效率。

快速成型手板制作主要有两种方式：

1）RP（激光成型）（加法生产模式）。RP 手板模型的优点主要表现在它的快速与易操作上，主要是通过光敏树脂等材料堆积成型。成本较低的 RP 手板模型相对粗糙，材料单一，不能反映真实的材料特性，而且对产品的壁厚有一定要求，如果壁厚太薄便不能生产。而制作精度较高的 RP 手板模型，设备与材料费用又太过昂贵（图 1-6）。

图 1-6　快速成型机

2）CNC（计算机控制加工中心）（减法生产模式）。CNC加工的优点是，非常精确地反映图样所表达的信息和材料特性，表面质量高，但技术要求也较高。目前运用CNC技术为主的手板模型制作已经成为一个行业，是手板制造业的主流。在工业设计行业内提到的手板一般都是指用CNC加工制作完成的手板模型（图1-7）。

图 1-7　CNC 数控加工

四、手板模型典型制作流程

手板模型典型制作流程大致可以分为九道工序，分别为收取图档、前期分析、CNC编程、CNC加工、手工修正、抛光打磨、后处理喷涂丝印、手工组装、质检组装发货（图1-8）。

下面以灯具手板模型制作为案例，讲解手板模型典型制作流程。

1. 收取图档与加工文件整理

在手板模型加工之前，不论由专业手板公司制作还是自主加工，首先都要进行加工文件整理工作。需要整理的加工文件有三维格式源文件、CMF图示文件、丝网印刷源文件等（图1-9）。

01.2 手板模型设计与制作流程参观讲解

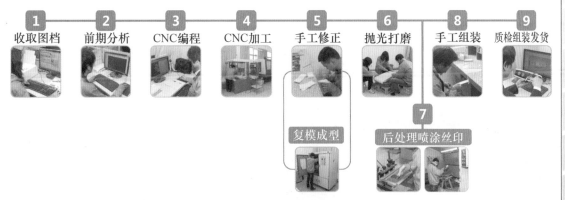

图 1-8 手板模型典型制作流程

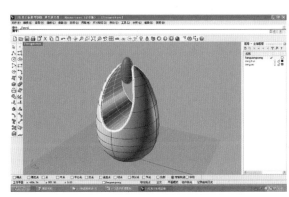

a) 灯具Rhino文件

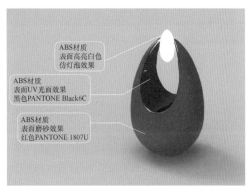

b) 灯具CMF图示文件

图 1-9 加工文件

2. 前期分析与拆图

分析产品的形态特征与技术要求，并根据手板模型制作工艺的特点编排加工方式。手板模型加工的原料是板材，有一定的厚度限制，在加工手板模型时，要用多块板材加工再拼接形成需要的产品，在软件中实现这样的工作称为拆图。拆图可以有效地利用材料、提高加工效率、降低成本（图1-10）。

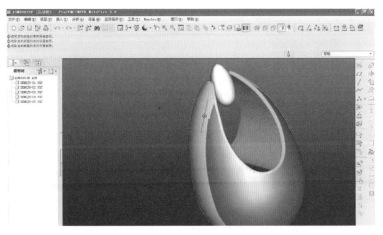

图 1-10 前期分析与拆图

3. CNC 编程与加工

将拆分好的部分文件输入数控加工编程软件 Mastercam，编写加工刀具与加工路径等数控加工代码，并将代码输入 CNC 加工设备，将各个部件加工完毕（图 1-11）。

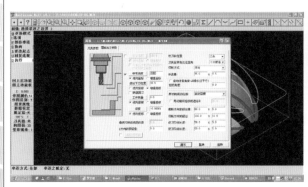
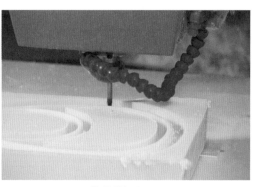

a) CNC编程   b) CNC加工

图 1-11 CNC 编程与加工

4. 后期表面处理

将加工出来的部件进行手工修正，将加工的瑕疵和配合不到位的地方逐一处理。将灯具主体相同材质的部件装配起来，进行粘接，将接缝处修整打磨。模型的后期表面处理需要经过多次反复，直到满足设计要求为止（图 1-12）。

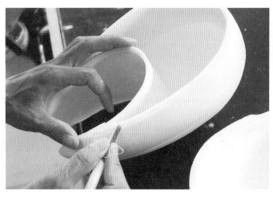
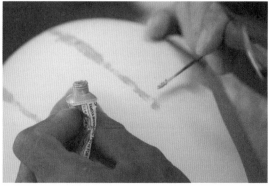

图 1-12 后期表面处理

5. 喷涂与组装

首先根据标注的 PANTONE 色号在色卡上选择对应的颜色。根据色卡颜色进行调色，调色要反复进行，并进行试喷，以保证调出的颜色准确、合适。将最终调整好的颜色装入喷枪中，根据 CMF 图示文件中表面处理的要求进行喷涂。不同的颜色材质采用分步骤喷涂的方式进行（图 1-13）。最后将喷涂好的部件组装到一起，一个灯具的手板模型就制作完成了（图 1-14）。

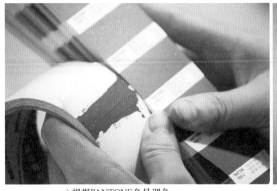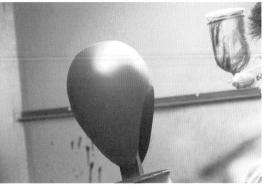

a) 根据PANTONE色号调色   b) 喷涂

图 1-13　调色与喷涂

图 1-14　灯具手板模型

五、手板模型设计与制作学习方法

（一）本书的编写思路

本书通过六个典型手板模型设计与制作案例来讲解手板制作工艺与方法，分别是多边形模型设计与制作，曲面模型设计与制作，组合模型设计与制作，复杂组合模型设计、制作与表面处理，多种材质组合模型设计与制作，综合模型设计与制作。六个案例的讲解从易到难、由浅入深，符合读者学习的认知规律（图 1-15）。

在内容讲述时，各案例首先提出该部分的项目介绍以及学习目标，结合案例说明典型工作流程，再详细进行模型制作案例的解析。在案例讲解结束后给出考核与评分标准，通过学习效果自测检查理论掌握情况，通过模型制作评分标准检测制作技能掌握程度。作为国家高

图 1-15　六个案例的进阶关系

等职业教育艺术设计（工业设计）专业教学资源库"产品模型设计与制作"课程项目的组成部分，本书七个章节均配有详细的电子教案、PPT 课件和视频教程，形成全方位的学习资源（图 1-16）。

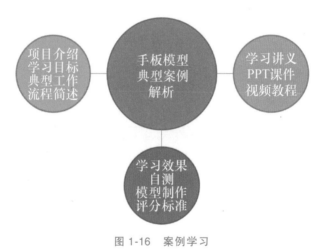

图 1-16　案例学习

（二）本书的学习方法

学习本书的读者预计有两类，第一类读者目前或者以后从事产品设计创意工作，需要了解手板模型设计与制作的流程方法以及常见制作工艺，便于检测与评价手板模型是否达到创意要求。建议此类读者按照顺序进行学习，辅助视频学习加深认识，通过学习效果自测检测对知识的理解程度。

第二类读者目前或者以后从事手板模型设计与制作工作，需要掌握手板模型设计与制作的流程方法以及常见制作工艺，尤其需要精通其中某个岗位的技能。建议这类读者在整体掌握手板模型制作流程与工艺的基础上，聚焦其中某个工艺环节进行学习。由于篇幅原因，本书无法呈现每个案例的详细操作步骤，配套的电子教案和 PPT 课件会对制作步骤有更详细的讲解，再结合本书视频和制作文件进行学习，通过模型制作测评检测，会有更好的效果（图 1-17）。

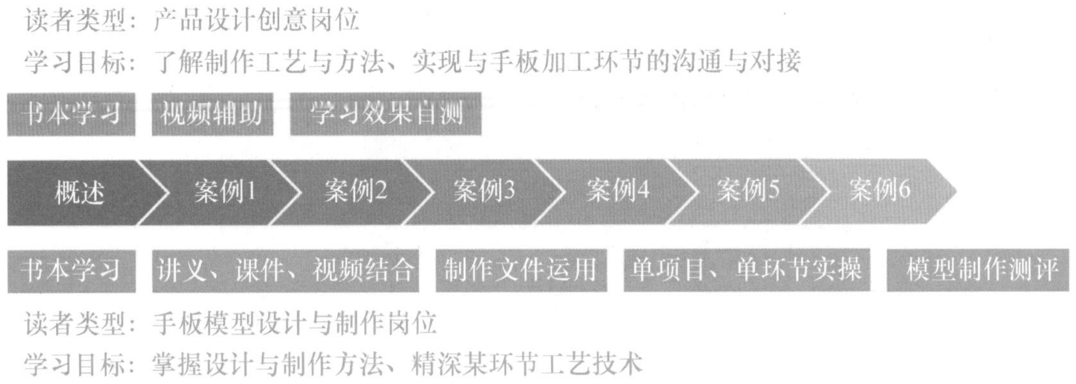

读者类型：产品设计创意岗位
学习目标：了解制作工艺与方法、实现与手板加工环节的沟通与对接

| 书本学习 | 视频辅助 | 学习效果自测 |

| 概述 | 案例1 | 案例2 | 案例3 | 案例4 | 案例5 | 案例6 |

| 书本学习 | 讲义、课件、视频结合 | 制作文件运用 | 单项目、单环节实操 | 模型制作测评 |

读者类型：手板模型设计与制作岗位
学习目标：掌握设计与制作方法、精深某环节工艺技术

图 1-17　两类读者学习方法示意图

六、学习效果测试

1. 手板模型的定义是什么？

答：手板模型是指根据产品设计的外观图或结构图制作出来的产品样板或产品模型，可用来检测和评价产品外观、机构的合理性，也可用于向市场提供样品，以便收集市场反馈信息，根据市场反馈信息对产品进行改进后再开模进行批量生产。

2. 手板模型的作用是什么？

答：通过手板模型的验证，可以降低直接制造的风险，也更容易在批量生产前看到产品全貌，有利于在市场竞争中占得先机。手板模型处在产品设计与批量生产环节之间，起到了桥梁作用，为产品设计走向市场提供了高效、快捷、经济的解决方案。

3. 手板模型按用途可以分成哪几种？

答：外观手板、结构手板和模型手板。

4. 快速成型的手板模型加工方式有哪几种？

答：RP（激光成型）（加法生产模式）、CNC（计算机控制加工中心）（减法生产模式）。

5. 典型的手板模型制作流程分几道工序？分别是什么？

答：典型的手板模型制作流程大致可以分为九道工序，分别为收取图档、前期分析、CNC 编程、CNC 加工、手工修正、抛光打磨、后处理喷涂丝印、手工组装、质检组装发货。

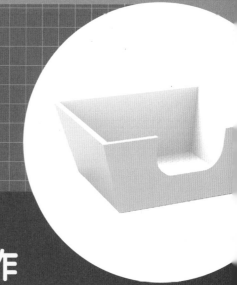

多边形模型设计与制作
——便笺盒手板模型制作

一、项目介绍

    本项目作为手板模型制作的第一个项目，主要通过便笺盒案例（图 2-1、图 2-2）对手板模型的加工工艺以及制作流程进行详细讲解。完成本项目的学习后，学习者应能够理解手板模型的制作流程与方案，掌握加工文件整理、前期分析与拆图、后期表面处理与喷漆等技能。

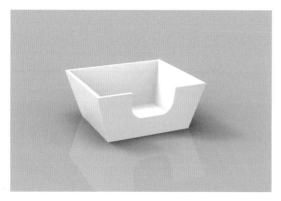

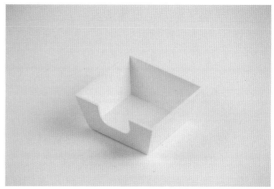

图 2-1　便笺盒效果图　　　　　　　　　　　　　图 2-2　便笺盒模型图

二、学习目标

1）理解手板模型的加工制作流程。

2）掌握手板模型加工文件整理的要领和要求。

3）学会制作模型加工的 CMF 图示文件（颜色、材质、工艺要求文件）。

4）理解模型加工前期分析与拆图的原因与原理。

5）理解 CNC 编程与加工的原理与流程。

6）掌握 ABS 材质平面组合物体的手工表面处理方法。

7）掌握喷漆的操作方法。

三、项目学习流程

便笺盒手板模型制作流程如图 2-3 所示。

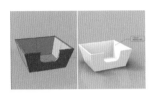 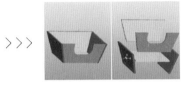

加工文件整理　　　　　　前期分析与拆图　　　　　　CNC编程与加工

成品　　　　　　　　　喷涂　　　　　　　后期表面处理

图 2-3　便笺盒手板模型制作流程

02.1 便笺盒加
工文件整理

四、项目学习步骤

（一）加工文件整理

在手板模型加工之前，不论由专业手板公司制作还是自主加工，首先都要进行加工文件整理工作。需要整理的加工文件有三维格式源文件（本教程以 Rhino 格式文件为例）、CMF图示文件、丝网印刷源文件等，常见加工文件的要求如下。

（1）三维格式源文件　以三维建模软件制作的文件。为了满足加工文件的制作要求，在软件整理时，务必将无关的点、线条、曲面删去，并将模型按照部件结合成实体，放置在不同的图层中。由于在拆图和编程过程中，需要将三维模型源文件在不同格式之间转换，容易产生破面，所以在建模和整理文件过程中要在软件中设置较高的建模精度，并保证建模质量。

（2）CMF 图示文件　CMF 分别是 Color、Material 和 Finishing 三个英文单词的首字母缩写，是指产品制作时相关的颜色、材质和工艺要求。在 CMF 图示文件整理过程中，要将手板模型加工中需要体现的颜色、表面处理要求、材质等要求标注在对应的效果图或工程图上。需要注意的是，产品的颜色统一用 PANTONE 色号进行标注。

（3）丝网印刷源文件　丝网印刷会根据平面设计矢量软件做成的网版进行印刷，网版呈网状、版面形成通孔和不通孔两部分，印刷时油墨在刮墨版的挤压下从版面通孔部分漏印在承印物上。

本项目中，便笺盒本身是一个整体，在 Rhino 文件中将其结合成实体即可（图 2-4），由于只有一种材质和颜色，所以在效果图中只标注一个说明内容（图 2-5）。

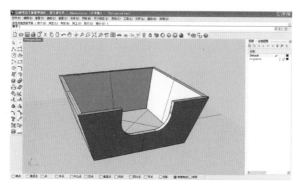

02.2 使用Adobe Illustrator 制作便笺盒CMF文件

图 2-4　便笺盒 Rhino 文件

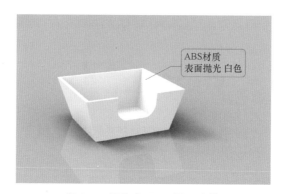

ABS材质
表面抛光 白色

图 2-5　便笺盒 CMF 图示文件

（二）前期分析与拆图

步骤 1：将便笺盒 Rhino 文件转存成 STEP 通用工程格式文件（图 2-6）。

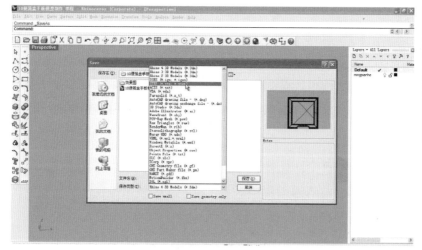

02.3 使用Creo 进行便笺盒3D 图档的分析与 拆图工作

图 2-6　步骤 1

步骤 2：在 Creo 中将转存好的文件打开（图 2-7）。

产品设计手板模型制作案例解析

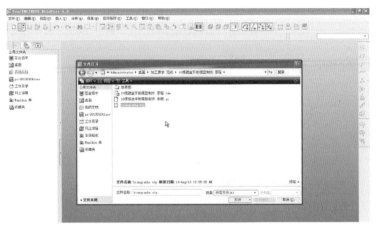

图 2-7　步骤 2

步骤 3：选取下底面的轮廓并使用拉伸工具将下底面从产品中移除（图 2-8）。

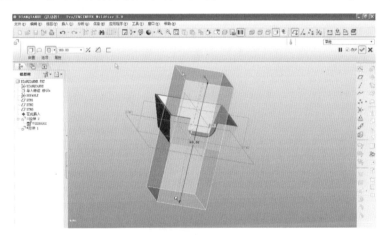

图 2-8　步骤 3

步骤 4：保存移除的下底面文件（图 2-9）。

图 2-9　步骤 4

步骤 5：选择四个侧立面体中的两个对立面体（图 2-10）。

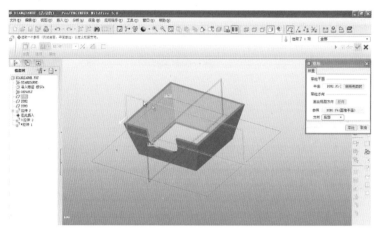

图 2-10　步骤 5

步骤 6：绘制拉伸路径并通过拉伸工具将其从部件中移除（图 2-11）。

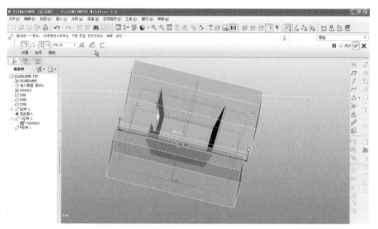

图 2-11　步骤 6

步骤 7：保存剩余部件（图 2-12）。

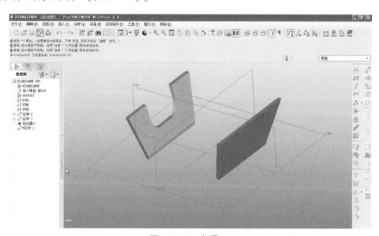

图 2-12　步骤 7

步骤 8：保存移除部分（图 2-13）。

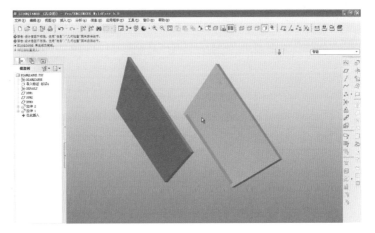

图 2-13　步骤 8

步骤 9：在 Creo 中新建一个组件文件，将拆分好的部件组装在一起（图 2-14）。

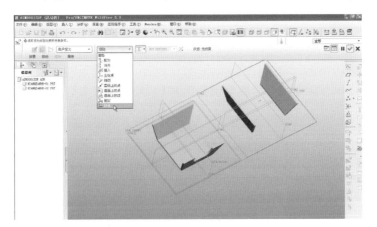

图 2-14　步骤 9

步骤 10：将拆分的部件进行颜色区分，确定无遗漏后保存（图 2-15）。

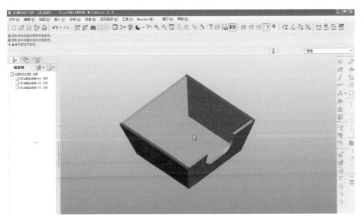

图 2-15　步骤 10

（三）CNC 编程与加工

1. CNC 编程

步骤 1：将拆分好的便笺盒 Creo 文件转存成 Mastercam 可以识别的 IGES 文件（图 2-16）。

02.4 使用 Mastercam编写 便笺盒左右侧 面正面CNC 加工程序

图 2-16　步骤 1

步骤 2：在 Mastercam 中打开两侧面便笺盒 IGES 文件（图 2-17）。

图 2-17　步骤 2

步骤 3：调整编写部件的角度并移动部件至同一平面（图 2-18）。

步骤 4：重新绘制便笺盒并制作定位基准（图 2-19）。

步骤 5：模拟部件边界路径（图 2-20）。

步骤 6：拾取边界路径，制作分模面（图 2-21）。

步骤 7：将路径偏移出开粗路径和精修路径（图 2-22）。

步骤 8：编写开粗路径并定位刀路（图 2-23）。

图 2-18　步骤 3

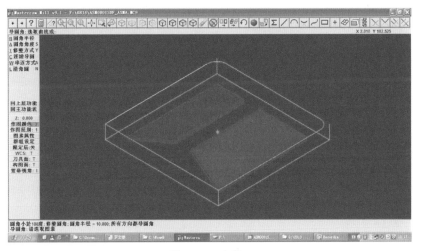

图 2-19　步骤 4

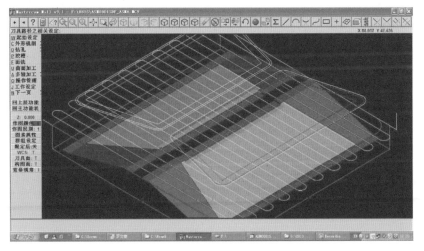

图 2-20　步骤 5

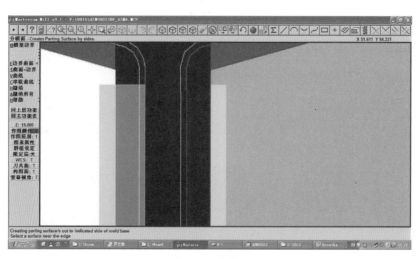

图 2-21　步骤 6

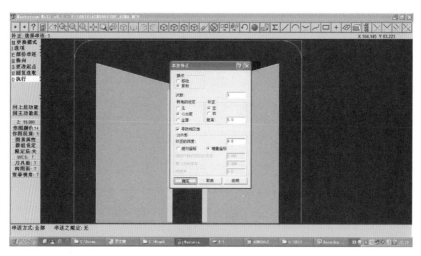

图 2-22　步骤 7

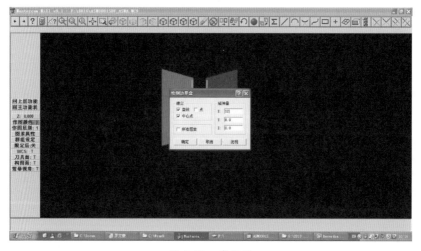

图 2-23　步骤 8

步骤 9：编写精修刀路（图 2-24）。

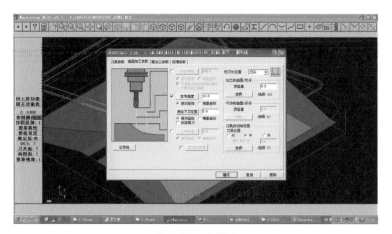

图 2-24　步骤 9

步骤 10：模拟计算刀路（图 2-25）。

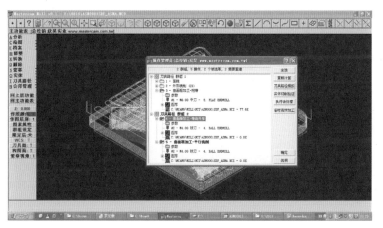

图 2-25　步骤 10

步骤 11：实体切削验证（图 2-26）。

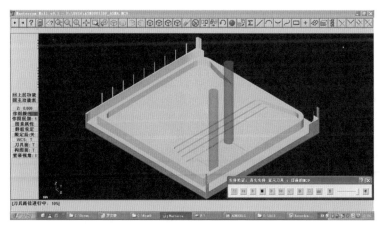

图 2-26　步骤 11

步骤 12：保存编写好的文件（图 2-27）。

图 2-27　步骤 12

步骤 13：选取中心点并旋转部件（图 2-28）。

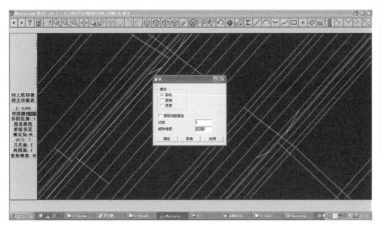

图 2-28　步骤 13

02.5　使用
Mastercam编写
便笺盒左右侧
面反面CNC
加工程序

步骤 14：调整分模面（图 2-29）。

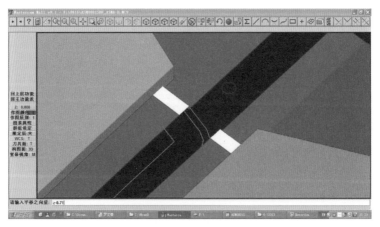

图 2-29　步骤 14

步骤 15：调整编写刀路（图 2-30）。

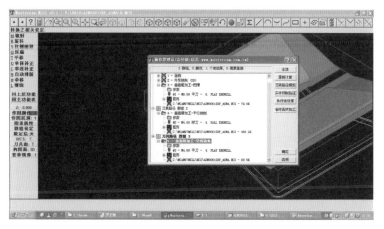

图 2-30　步骤 15

步骤 16：计算刀路（图 2-31）。

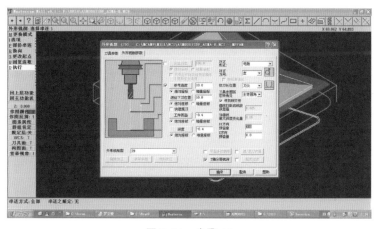

图 2-31　步骤 16

步骤 17：实体切削验证（图 2-32）。

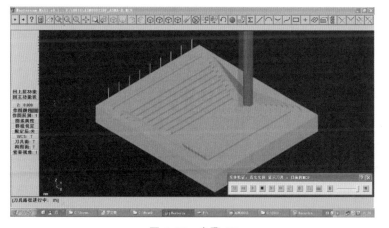

图 2-32　步骤 17

步骤 18：保存编写好的文件（图 2-33）。

图 2-33　步骤 18

步骤 19：在 Mastercam 中打开另外两侧面便笺盒的 IGES 文件（图 2-34）。

图 2-34　步骤 19

02.6　使用 Mastercam拾取便笺盒前后侧面拆分件加工路径

步骤 20：调整编写部件的角度并移动部件至同一平面（图 2-35）。

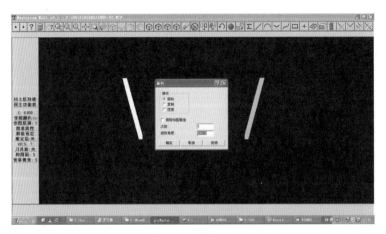

图 2-35　步骤 20

步骤 21：重新绘制便笺盒模型并制作定位基准（图 2-36）。

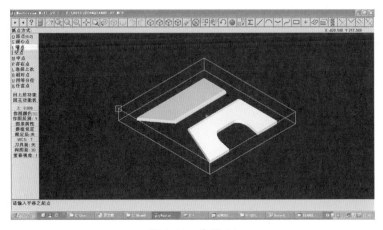

图 2-36　步骤 21

步骤 22：拾取边界路径（图 2-37）。

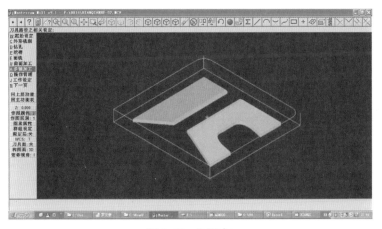

图 2-37　步骤 22

步骤 23：将路径偏移出开粗路径和精修路径（图 2-38）。

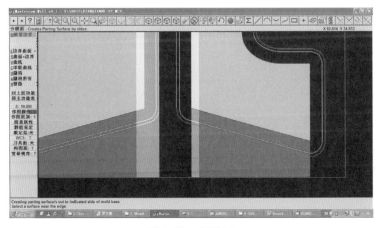

图 2-38　步骤 23

步骤 24：编写开粗路径并定位刀路（图 2-39）。

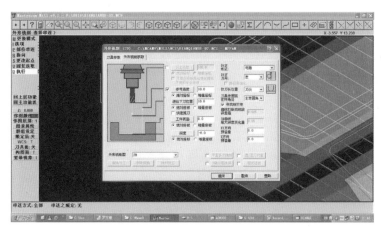

图 2-39　步骤 24

步骤 25：编写精修刀路（图 2-40）。

图 2-40　步骤 25

步骤 26：计算刀路（图 2-41）。

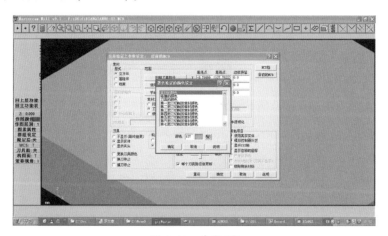

图 2-41　步骤 26

步骤 27：实体切削验证（图 2-42）。

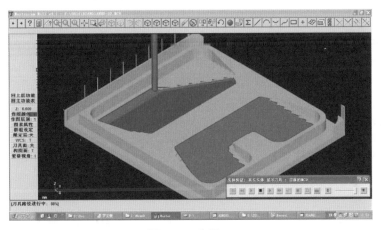

图 2-42　步骤 27

步骤 28：保存编写好的文件（图 2-43）。

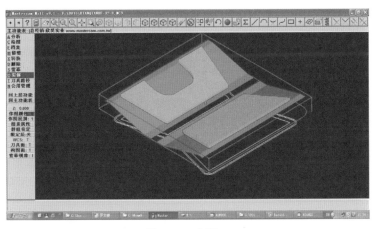

图 2-43　步骤 28

步骤 29：在 Mastercam 中打开便笺盒底的 IGES 文件（图 2-44）。

图 2-44　步骤 29

02.10　使用 Mastercam编写便笺盒底部拆分件的CNC加工程序

步骤 30：编写刀路（图 2-45）。

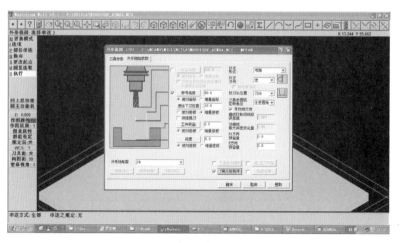

图 2-45　步骤 30

步骤 31：保存编写好的文件（图 2-46）。

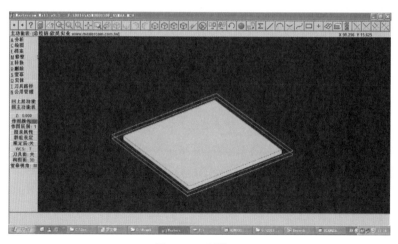

图 2-46　步骤 31

2. CNC 加工

步骤 1：根据便笺盒盒壁加工要求切割 ABS 板材（图 2-47）。

步骤 2：将编程文件导入加工设备（图 2-48）。

图 2-47　步骤 1

图 2-48　步骤 2

02.11 使用
CNC加工中心
进行便笺盒侧
面拆分件的正
面加工

步骤3：清理加工台面，放置切割下来的 ABS 板材（图 2-49）。

步骤4：根据加工要求安装开粗刀具（图 2-50）。

图 2-49　步骤 3

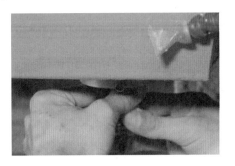

图 2-50　步骤 4

步骤5：Z 轴定位（图 2-51）。

步骤6：X 轴和 Y 轴定位（图 2-52）。

图 2-51　步骤 5

图 2-52　步骤 6

步骤7：用 502 胶将板材固定在加工台面上（图 2-53）。

步骤8：板材固定后开始粗加工（图 2-54）。

图 2-53　步骤 7

图 2-54　步骤 8

步骤9：将开粗刀具更换成精修刀具（图 2-55）。

步骤10：Z 轴定位，进行精修加工（图 2-56）。

步骤11：将精修刀具更换成铣边刀具，Z 轴定位（图 2-57）。

步骤12：铣边角，去除废料（图 2-58）。

步骤13：取下加工件（图 2-59）。

图 2-55　步骤 9

图 2-56　步骤 10

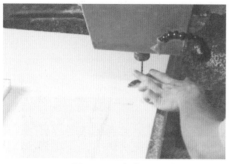

图 2-57　步骤 11

图 2-58　步骤 12

步骤 14：去除加工毛刺（图 2-60）。

图 2-59　步骤 13

图 2-60　步骤 14

步骤 15：在加工件加工的一面浇注石膏（图 2-61）。
步骤 16：刮平浇注石膏的一面（图 2-62）。

图 2-61　步骤 15

图 2-62　步骤 16

02.12　使用
CNC加工中心
进行便笺盒侧
面拆分件的反
面加工与底部
拆分件加工

步骤 17：粘贴定位 ABS 卡片（图 2-63）。

步骤 18：在 CNC 加工台面上切割出定位线（图 2-64）。

图 2-63　步骤 17

图 2-64　步骤 18

步骤 19：切割出定位卡口（图 2-65）。

步骤 20：将加工件固定在加工台面上（图 2-66）。

图 2-65　步骤 19

图 2-66　步骤 20

步骤 21：安装开粗刀具，进行 Z 轴定位（图 2-67）。

步骤 22：进行开粗加工（图 2-68）。

图 2-67　步骤 21

图 2-68　步骤 22

步骤 23：将开粗刀具更换成精修刀具，进行 Z 轴定位（图 2-69）。

步骤 24：进行精修加工（图 2-70）。

步骤 25：进行 Z 轴定位（图 2-71）。

步骤 26：进行精修加工（图 2-72）。

步骤 27：将精修刀具更换成铣边刀具，进行 Z 轴定位（图 2-73）。

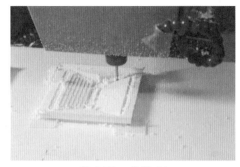

图 2-69　步骤 23　　　　　　　　　　　图 2-70　步骤 24

图 2-71　步骤 25　　　　　　　　　　　图 2-72　步骤 26

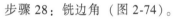

步骤 28：铣边角（图 2-74）。

图 2-73　步骤 27　　　　　　　　　　　图 2-74　步骤 28

步骤 29：便笺盒盒壁加工完成（图 2-75）。
步骤 30：取下加工件（图 2-76）。

图 2-75　步骤 29　　　　　　　　　　　图 2-76　步骤 30

步骤31：在加工便笺盒底板的板材上粘贴双面胶（图2-77）。

步骤32：Z轴定位并进行加工（图2-78）。

图2-77　步骤31

图2-78　步骤32

步骤33：便笺盒底板加工完成，取下加工件（图2-79）。

步骤34：便笺盒各部件CNC加工完成（图2-80）。

图2-79　步骤33

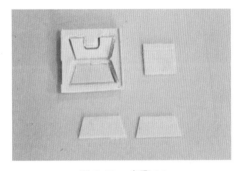

图2-80　步骤34

（四）后期表面处理

步骤1：手工去除CNC加工部件的毛刺（图2-81）。

步骤2：喷涂薄底灰（图2-82）。

图2-81　步骤1

图2-82　步骤2

02.13　使用砂纸和刮刀进行后期手工修正与组装工作

步骤3：用240号砂纸蘸水打磨，将喷涂的底灰均匀打磨掉（图2-83）。

步骤4：将部件吹干（图2-84）。

图 2-83　步骤 3

图 2-84　步骤 4

步骤 5：进行初步组装（图 2-85）。

步骤 6：用 502 胶将便笺盒粘接起来（图 2-86）

图 2-85　步骤 5

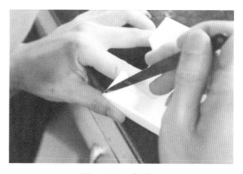

图 2-86　步骤 6

步骤 7：用 502 胶蘸牙粉修补接缝（图 2-87）。

步骤 8：用 400 号砂纸进行整体打磨（图 2-88）。

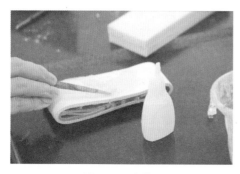

图 2-87　步骤 7

图 2-88　步骤 8

步骤 9：用铲刀处理接缝处（图 2-89）。

步骤 10：喷涂底灰（图 2-90）。

步骤 11：用 400 号砂纸整体打磨，直至将底灰打磨掉（图 2-91）。

步骤 12：清洗，吹干（图 2-92）。

步骤 13：调制白底漆（图 2-93）。

步骤 14：喷涂白底漆（图 2-94）。

步骤 15：用铲刀修正接缝处（图 2-95）。

图 2-89　步骤 9

图 2-90　步骤 10

图 2-91　步骤 11

图 2-92　步骤 12

图 2-93　步骤 13

图 2-94　步骤 14

步骤 16：用 600 号砂纸蘸水打磨（图 2-96）。

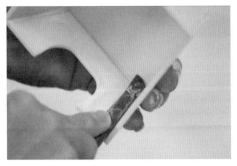

图 2-95　步骤 15

图 2-96　步骤 16

步骤 17：用刮刀修正接缝处，修整边面（图 2-97）。

步骤 18：调漆，喷涂白底漆（图 2-98）。

图 2-97　步骤 17

图 2-98　步骤 18

步骤 19：用 800 号砂纸进行打磨（图 2-99）。

步骤 20：用腻子修补凹坑（图 2-100）。

图 2-99　步骤 19

图 2-100　步骤 20

步骤 21：用 800 号砂纸将修补处打磨平整（图 2-101）。

步骤 22：调漆，喷涂白底漆（图 2-102）。

图 2-101　步骤 21

图 2-102　步骤 22

步骤 23：用 1000 号砂纸蘸水进行整体修正打磨（图 2-103）。

步骤 24：手工修正部分加工完成（图 2-104）。

产品设计手板模型制作案例解析

图 2-103　步骤 23

图 2-104　步骤 24

（五）喷涂

步骤 1：根据 CMF 图示文件要求进行调漆（图 2-105）。

步骤 2：喷涂便笺盒表面（图 2-106）。

图 2-105　步骤 1

图 2-106　步骤 2

02.14　借助PANTONE色卡调漆喷涂表面处理效果

步骤 3：调制光油（图 2-107）。

步骤 4：喷涂光油（图 2-108）。

图 2-107　步骤 3

图 2-108　步骤 4

步骤 5：用 3M 液抛光（图 2-109）。

步骤 6：便笺盒手板模型制作完成（图 2-110）。

图 2-109　步骤 5　　　　　　　　　　　　　图 2-110　步骤 6

（六）成品展示

便笺盒手板模型制作效果如图 2-111 所示。

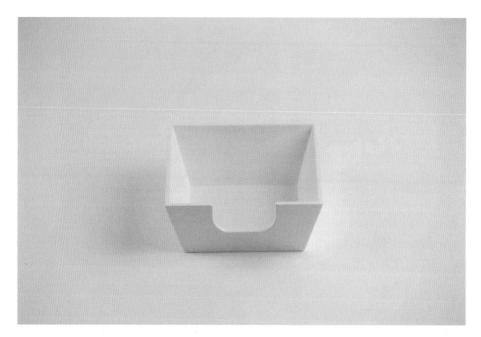

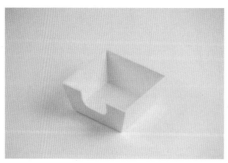

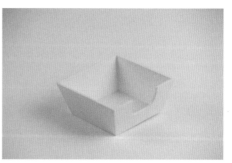

图 2-111　便笺盒手板模型

五、考核与评分标准

（一）学习效果自测

1. 加工文件整理包含哪几个部分？

答：三维格式源文件、CMF图示文件和丝网印刷源文件等。

2. 三维格式源文件的整理要求是什么？

答：将无关的点、线条、曲面删去；模型按照部件结合成实体，放置在不同的图层；设置较高的建模精度，保证建模质量。

3. 前期分析的作用是什么？

答：分析产品的形态特征与技术要求，并根据手板模型制作工艺的特点编排加工方式。

4. 拆图的作用是什么？

答：手板模型加工的原料是板材，有一定的厚度限制，在加工手板模型时，要用多块板材加工再拼接形成需要的产品，在软件中实现这样的工作称为拆图。拆图可以有效地利用材料、提高加工效率、降低成本。

5. 手板行业常用的数控编程软件是什么？

答：Mastercam。

6. 手板模型数控加工的步骤是什么？

答：根据加工要求下料，用502胶将原料固定在加工平台上。对刀确定圆心，先尝试加工，再正式加工，有必要的话可换刀具以保证加工精度。从加工平台上取下半成品，用石膏浇注加工过的部分，凝固后换反面继续加工。加工完后拆下部件，清洗干净后加工结束。

7. CNC加工过后的部件为什么需要修正与打磨？

答：因为CNC加工之后，部件表面会留下加工的刀路痕迹，加工中也难免会出现加工不到位的地方，这个时候就需要用手工方式继续修正与打磨。

8. 打磨的具体技术要求有什么？

答：打磨中需要用到不同规格的砂纸，先用颗粒比较大的砂纸进行初步打磨，再用颗粒比较小的砂纸进行精细打磨。砂纸标号数字越大，其颗粒越细。最后打磨时，可以在部件表面喷涂一层底灰，以将底灰刚刚打磨掉为标准来保证打磨的均匀程度。

9. 喷涂颜色时的注意事项有哪些？

答：首先注意喷枪与模型间的距离，根据喷涂表面处理的要求（亚光、亮光、磨砂）调整喷漆与喷气的比例，以及喷枪与模型间的距离。喷涂时要少量多次。

10. 高清烤漆获得高亮效果的喷涂方法是什么？

答：最好的处理方式是调质光，在喷涂完成后，喷涂一层光油。

（二）模型制作评分标准

见表2-1。

表 2-1　多边形模型设计与制作评分标准

序号	项目	内容描述与要求	配分	得分
1	模型制作	多边形模型加工文件整理、前期分析与拆图	30	
		多边形模型手工处理与喷涂制作	30	
2	技术总结	加工流程记录完整	20	
		加工要求记录详尽、规范		
		加工照片与素材清晰、标准		
3	职业态度	学习过程态度端正、工作规范、工作环境整洁	20	
		学习过程出勤率高，按时完成作业		
4	总得分			

第 **3** 章

曲面模型设计与制作——
灯具手板模型制作

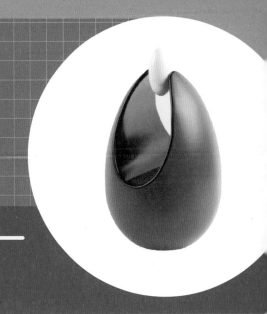

一、项目介绍

　　本项目重点介绍灯具的外观手板模型（图 3-1、图 3-2）制作要领以及加工注意事项。完成本项目的学习后，学习者应能够理解手板模型的加工流程与方法，掌握 PANTONE 色卡的使用方法、曲面形态模型的分析拆分方法、多种材质模型的加工要求、后期表面处理与喷漆等技能。

图 3-1　灯具效果图

图 3-2　灯具模型图

二、学习目标

　　1）理解手板模型的加工制作流程。

　　2）掌握手板模型中由不同材质部件组成的产品的加工文件整理要领和要求。

　　3）学会查询 PANTONE 色卡并进行多种材质的 CMF 图示文件制作。

　　4）理解曲面形态多部件产品的拆图要领与制作方法。

　　5）理解 CNC 编程与加工的原理与流程。

　　6）掌握 ABS 材质曲面形态模型的手工表面处理方法。

　　7）掌握喷漆的操作方法。

三、项目学习流程

灯具手板模型制作流程如图 3-3 所示。

 >>>  >>>

加工文件整理　　　　　　前期分析与拆图　　　　　　CNC编程与加工

 <<<  <<<

成品　　　　　　　　　　喷涂与组装　　　　　　　　后期表面处理

图 3-3　灯具手板模型制作流程

四、项目学习步骤

（一）加工文件整理

本项目中，灯具由两个不同的部分组成，分别是灯具主体和灯泡，其中灯具主体部分由红色和黑色两个不同颜色的部分组成，所以在 Rhino 文件中需要根据颜色和功能将文件组合成三个实体部分（图 3-4）。

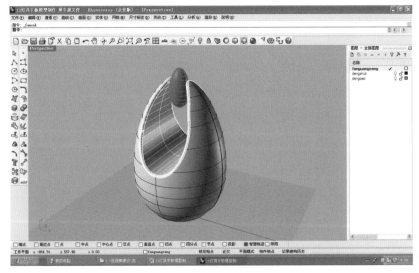

03.1　灯具加工
文件整理

图 3-4　灯具 Rhino 文件

本项目的 CMF 图示文件可用灯具效果图进行标注。在手板模型制作过程中，根据实际需要，一些部件可以用其他材料模仿真实效果，这种方式在外观手板模型中很常见。本项目中的灯泡部分可以用 ABS 材料喷涂白色高光效果模仿灯泡效果。灯具主体部分由红色表面磨砂效果的底部和黑色高亮效果的上部组成。这两种颜色需要查阅 PANTONE 色卡确定颜色代码，并标注在图示文件上。图示文件可以用平面软件完成，本项目中采用 Illustrator 文件进行标注（图 3-5）。

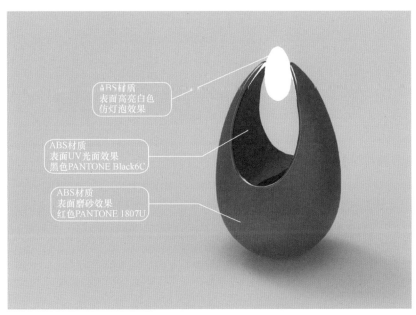

03.2 使用 Adobe Illustrator 制作灯具CMF 文件

图 3-5　灯具 CMF 图示文件

（二）前期分析与拆图

步骤 1：将灯具 Rhino 文件转存成 STEP 通用工程格式文件（图 3-6）。

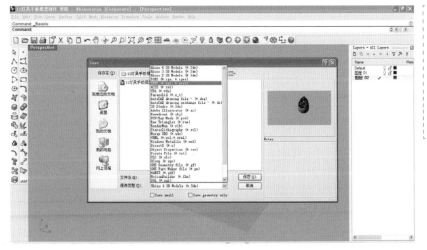

03.3 使用Creo 进行灯具3D 图档的分析与 拆图工作

图 3-6　步骤 1

步骤 2：在 Creo 中将转存好的文件打开（图 3-7）。

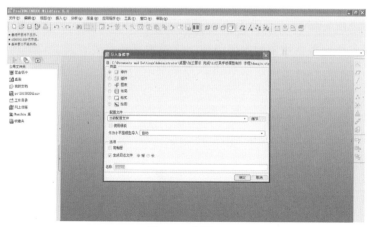

图 3-7　步骤 2

步骤 3：在新建窗口中打开灯泡部件文件并保存（图 3-8）。

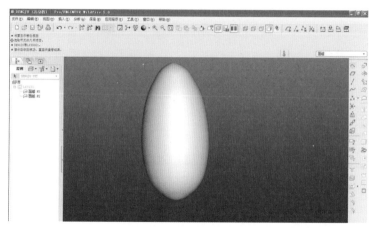

图 3-8　步骤 3

步骤 4：在新建窗口中打开灯体黑色嵌件部分文件（图 3-9）。

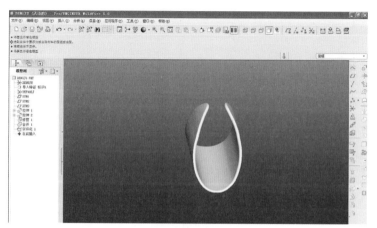

图 3-9　步骤 4

步骤 5：将嵌件拆分成两个部分并保存（图 3-10）。

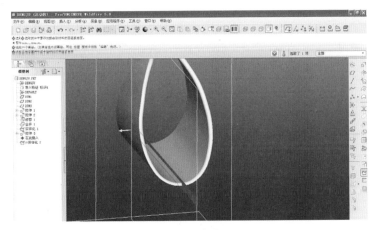

图 3-10 步骤 5

步骤 6：打开灯具主体文件（图 3-11）。

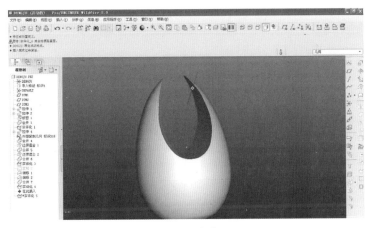

图 3-11 步骤 6

步骤 7：绘制拉伸路径（图 3-12）。

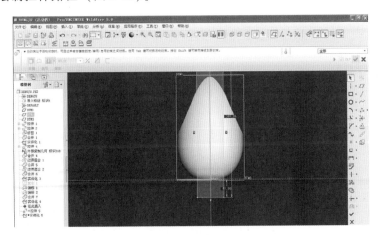

图 3-12 步骤 7

步骤 8：拉伸出实体，拾取并绘制装配接口定位线（图 3-13）。

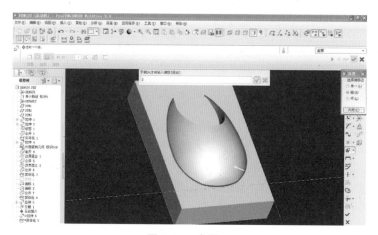

图 3-13　步骤 8

步骤 9：利用拉伸制作接口定位（图 3-14）。

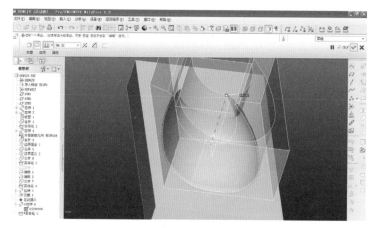

图 3-14　步骤 9

步骤 10：将部件进行拆分并保存（图 3-15）。

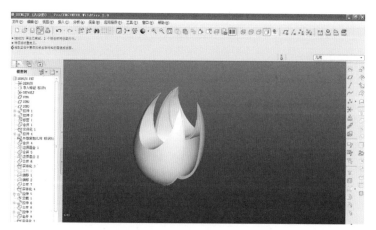

图 3-15　步骤 10

步骤 11：新建组件文件，将拆分好的部件组装好（图 3-16）。

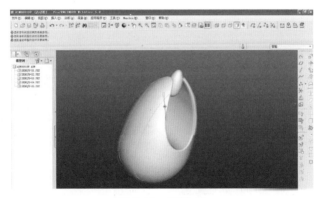

图 3-16　步骤 11

步骤 12：将各个部件进行颜色区分，保存组件（图 3-17）。

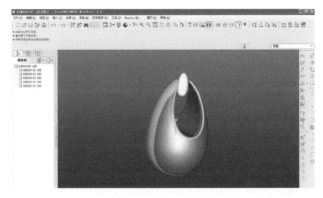

图 3-17　步骤 12

（三）CNC 编程与加工

1. CNC 编程

步骤 1：将拆分好的灯具 Creo 文件转存成 Mastercam 可以识别的 IGES 文件（图 3-18）。

图 3-18　步骤 1

03.4　使用 Mastercam 编写灯具主体拆分件正面 CNC 加工程序

03.5　使用 Mastercam 编写灯具主体拆分件反面 CNC 加工程序

步骤 2：在 Mastercam 中打开灯具 IGES 文件（图 3-19）。

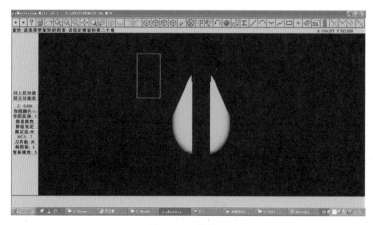

图 3-19　步骤 2

步骤 3：调整灯具主体上下两个拆分件的角度并移动部件至同一平面（图 3-20）。

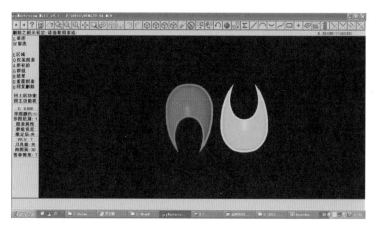

图 3-20　步骤 3

步骤 4：添加加工材料毛坯尺寸并制作定位基准（图 3-21）。

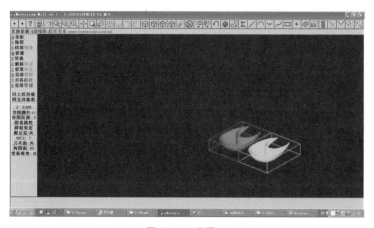

图 3-21　步骤 4

产品设计手板模型制作案例解析

步骤 5：拾取边界路径，制作分模面（图 3-22）。

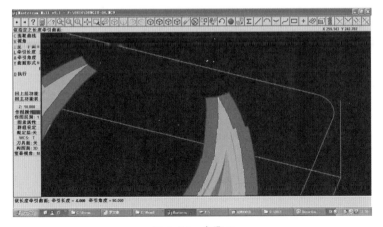

图 3-22　步骤 5

步骤 6：将路径偏移出开粗路径和精修路径（图 3-23）。

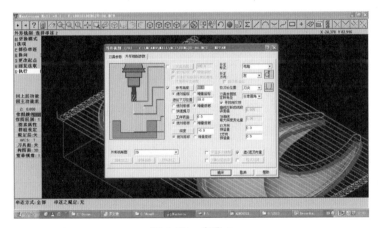

图 3-23　步骤 6

步骤 7：编写加工开粗路径并定位刀路（图 3-24）。

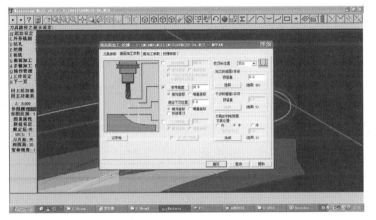

图 3-24　步骤 7

步骤 8：编写精修刀路（图 3-25）。

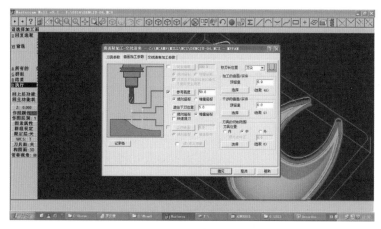

图 3-25　步骤 8

步骤 9：模拟计算刀路（图 3-26）。

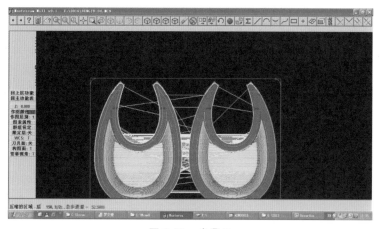

图 3-26　步骤 9

步骤 10：实体切削验证并检查是否有过切（图 3-27）。

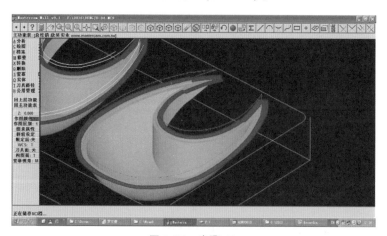

图 3-27　步骤 10

步骤 11：选取中心点并旋转部件（图 3-28）。

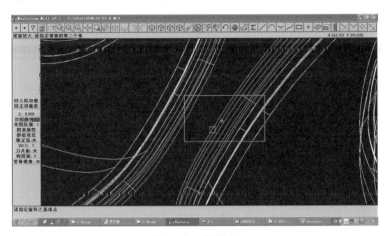

图 3-28　步骤 11

步骤 12：保存编写好的文件（图 3-29）。

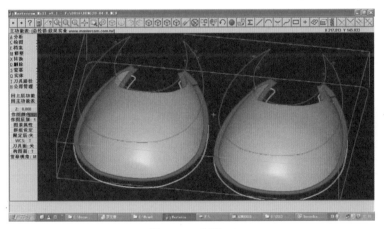

图 3-29　步骤 12

步骤 13：在 Mastercam 中打开灯具主体中间部件的 IGES 文件（图 3-30）。

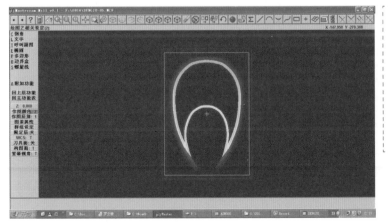

图 3-30　步骤 13

03.6　使用 Mastercam编写灯具主体中部拆分件CNC加工程序

步骤 14：制作定位基准（图 3-31）。

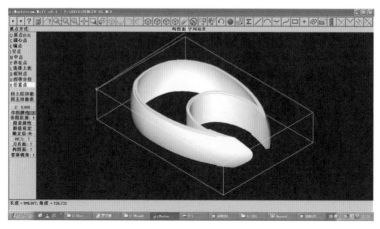

图 3-31　步骤 14

步骤 15：将路径偏移出开粗路径和精修路径（图 3-32）。

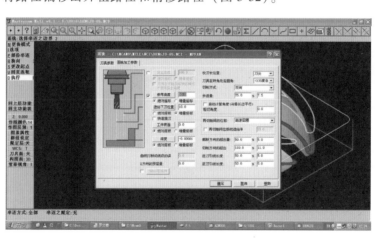

图 3-32　步骤 15

步骤 16：编写刀路（图 3-33）。

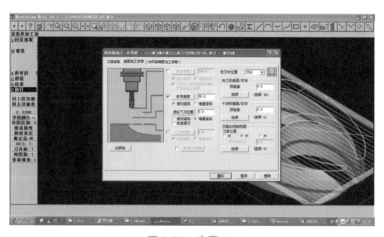

图 3-33　步骤 16

步骤 17：串联刀路（图 3-34）。

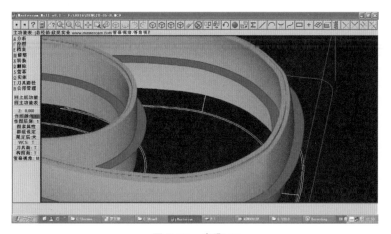

图 3-34　步骤 17

步骤 18：保存编写好的文件（图 3-35）。

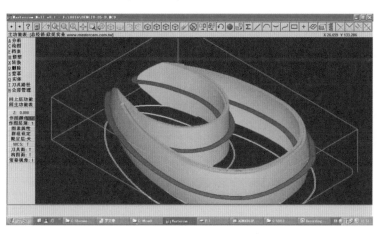

图 3-35　步骤 18

步骤 19：将灯泡的 Creo 文件转存成 Mastercam 可以识别的 IGES 文件（图 3-36）。

03.7　使用
Mastercam编写
灯具灯泡CNC
加工程序

图 3-36　步骤 19

步骤 20：编写刀路（图 3-37）。

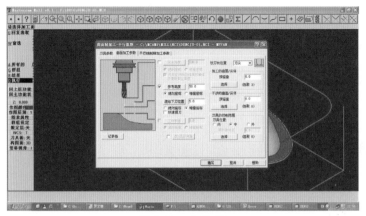

图 3-37　步骤 20

步骤 21：保存编写好的文件（图 3-38）。

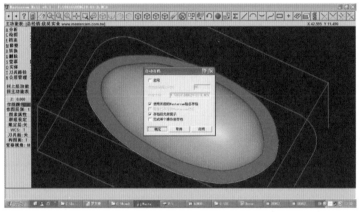

图 3-38　步骤 21

步骤 22：将拆分好灯具黑色嵌件的 Creo 文件转存成 Mastercam 可以识别的 IGES 文件（图 3-39）。

图 3-39　步骤 22

03.8　使用 Mastercam编写灯具装饰件 CNC加工程序

产品设计手板模型制作案例解析

步骤 23：编写刀路（图 3-40）。

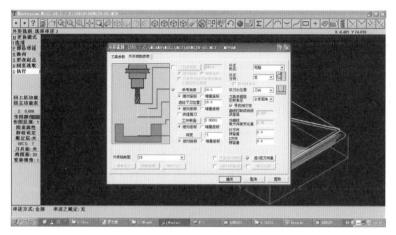

图 3-40　步骤 23

步骤 24：保存编写好的文件（图 3-41）。

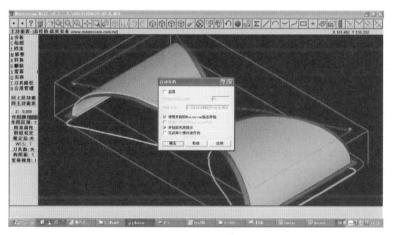

图 3-41　步骤 24

2. CNC 加工

步骤 1：根据灯具主体中间部件的加工要求切割 ABS 板材（图 3-42）。

步骤 2：用 502 胶将板材固定在加工台面上（图 3-43）。

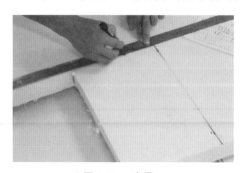

图 3-42　步骤 1

图 3-43　步骤 2

03.9　使用CNC
加工中心进行
灯具主体拆分
件加工

步骤 3：根据加工要求安装开粗刀具（图 3-44）。

步骤 4：Z 轴定位（图 3-45）。

图 3-44　步骤 3

图 3-45　步骤 4

步骤 5：进行开粗加工（图 3-46）。

步骤 6：将开粗刀具更换成精修刀具（图 3-47）。

图 3-46　步骤 5

图 3-47　步骤 6

步骤 7：进行精修加工（图 3-48）。

步骤 8：更换铣边刀具（图 3-49）。

图 3-48　步骤 7

图 3-49　步骤 8

步骤 9：去除废料（图 3-50）。

步骤 10：取下加工件（图 3-51）。

步骤 11：在加工件加工的一面浇注石膏（图 3-52）。

步骤 12：在 CNC 加工台面上切割出定位线（图 3-53）。

步骤 13：粘贴定位 ABS 卡片（图 3-54）。

图 3-50　步骤 9

图 3-51　步骤 10

图 3-52　步骤 11

图 3-53　步骤 12

步骤 14：切割出定位卡口（图 3-55）。

图 3-54　步骤 13

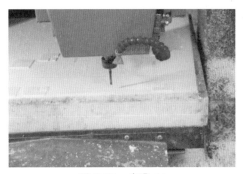

图 3-55　步骤 14

步骤 15：将加工件固定在加工台面上（图 3-56）。
步骤 16：进行开粗加工（图 3-57）。

图 3-56　步骤 15

图 3-57　步骤 16

步骤 17：进行精修加工（图 3-58）。

步骤 18：铣边角（图 3-59）。

图 3-58　步骤 17

图 3-59　步骤 18

步骤 19：取下加工件（图 3-60）。

步骤 20：灯具主体中间部件加工完成（图 3-61）。

图 3-60　步骤 19

图 3-61　步骤 20

步骤 21：加工灯具主体左、右两个部件，根据加工要求安装刀具进行加工（图 3-62）。

步骤 22：去除废料（图 3-63）。

图 3-62　步骤 21

图 3-63　步骤 22

步骤 23：在加工件加工的一面浇注石膏（图 3-64）。

步骤 24：进行反面加工（图 3-65）。

步骤 25：取下加工件（图 3-66）。

步骤 26：灯具主体左右两个部件加工完成（图 3-67）。

步骤 27：加工灯具黑色嵌件部件，根据加工要求进行正面加工（图 3-68）。

图 3-64　步骤 23

图 3-65　步骤 24

图 3-66　步骤 25

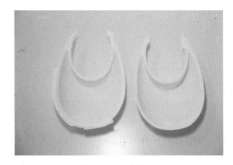

图 3-67　步骤 26

步骤 28：在加工件加工的一面浇注石膏（图 3-69）。

图 3-68　步骤 27

图 3-69　步骤 28

03.10　使用CNC加工中心进行灯具装饰件与灯泡加工

步骤 29：安装刀具进行反面加工（图 3-70）。

步骤 30：灯具黑色嵌件加工完成（图 3-71）。

图 3-70　步骤 29

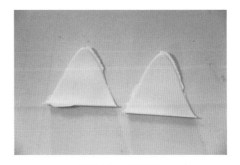

图 3-71　步骤 30

步骤 31：加工灯泡部件，根据加工要求进行正面加工（（图 3-72）。

步骤 32：在加工件加工的一面浇注石膏（图 3-73）。

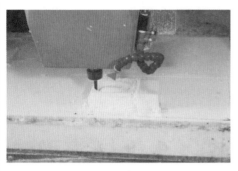

图 3-72　步骤 31

图 3-73　步骤 32

步骤 33：进行反面加工（图 3-74）。

步骤 34：灯泡 CNC 加工完成（图 3-75）。

图 3-74　步骤 33

图 3-75　步骤 34

（四）后期表面处理

步骤 1：手工去除灯具主体部分的 CNC 加工毛刺（图 3-76）。

步骤 2：修正装配槽，用 502 胶进行灯具主体的初组装（图 3-77）。

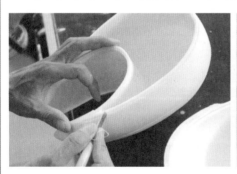

图 3-76　步骤 1

图 3-77　步骤 2

03.11 使用砂纸和刮刀进行灯具拆分件后期手工修正与组装工作

步骤 3：用 502 胶蘸牙粉修补接缝（图 3-78）。

步骤 4：用锉刀打磨修整接缝处（图 3-79）。

产品设计手板模型制作案例解析

图 3-78　步骤 3

图 3-79　步骤 4

步骤 5：制作灯泡的定位槽（图 3-80）。

步骤 6：灯具初组装完成（图 3-81）。

图 3-80　步骤 5

图 3-81　步骤 6

步骤 7：喷涂薄底灰（图 3-82）。

步骤 8：用气动打磨机装上 240 号砂纸，进行外表面整体打磨（图 3-83）。

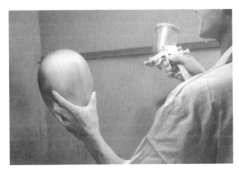

图 3-82　步骤 7

图 3-83　步骤 8

步骤 9：用刮刀进行边角处理（图 3-84）。

步骤 10：将喷涂的底灰均匀打磨掉并清洗、吹干（图 3-85）。

步骤 11：用刮刀修整灯泡的表面（图 3-86）。

步骤 12：用 400 号砂纸进行灯泡的整体打磨，将喷涂的底灰打磨掉（图 3-87）。

步骤 13：喷涂灯具主体的底灰（图 3-88）。

步骤 14：喷涂灯泡的底灰（图 3-89）。

图 3-84　步骤 9

图 3-85　步骤 10

图 3-86　步骤 11

图 3-87　步骤 12

图 3-88　步骤 13

图 3-89　步骤 14

步骤 15：用 400 号砂纸蘸水进行打磨（图 3-90）。

步骤 16：清洗，吹干（图 3-91）。

图 3-90　步骤 15

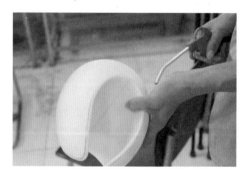

图 3-91　步骤 16

步骤 17：用 600 号砂纸进行边缘修正（图 3-92）。

步骤 18：用 600 号砂纸进行灯泡的打磨（图 3-93）。

图 3-92　步骤 17　　　　　　　　　　　　　图 3-93　步骤 18

步骤 19：喷涂底色（图 3-94）。

步骤 20：用双锌灰进行修补（图 3-95）。

图 3-94　步骤 19　　　　　　　　　　　　　图 3-95　步骤 20

步骤 21：用 800 号砂纸蘸水进行灯具主体的打磨（图 3-96）。

步骤 22：吹干（图 3-97）。

 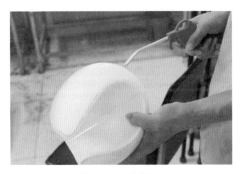

图 3-96　步骤 21　　　　　　　　　　　　　图 3-97　步骤 22

步骤 23：调制底色（图 3-98）。

步骤 24：喷涂灯具主体的底色（图 3-99）。

步骤 25：灯具嵌件表面处理（图 3-100）。

步骤 26：后期表面处理完成（图 3-101）。

图 3-98　步骤 23

图 3-99　步骤 24

图 3-100　步骤 25

图 3-101　步骤 26

（五）喷涂与组装

步骤 1：根据 CMF 图示文件提供的 PANTONE 色号在色卡上找到对应的颜色（图 3-102）。

步骤 2：调漆（图 3-103）。

图 3-102　步骤 1

图 3-103　步骤 2

03.12　借助 PANTONE色卡调漆喷涂表面处理效果并组装灯具

步骤 3：将调好的油漆与色卡的颜色进行对比，如有色差则进行调整（图 3-104）。

步骤 4：稀释油漆（图 3-105）。

步骤 5：根据灯具主体磨砂表面处理的要求进行油漆喷涂（图 3-106）。

步骤 6：待第一遍喷涂的油漆干后，进行第二次喷涂（图 3-107）。

步骤 7：用 1000 号砂纸在灯具主体上轻轻地打磨一遍（图 3-108）。

步骤 8：清洗，吹干（图 3-109）。

图 3-104　步骤 3

图 3-105　步骤 4

图 3-106　步骤 5

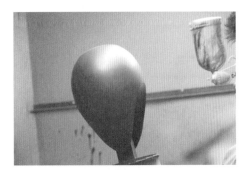

图 3-107　步骤 6

图 3-108　步骤 7

图 3-109　步骤 8

步骤 9：对灯具主体再次进行喷涂（图 3-110）。

步骤 10：喷涂嵌面（图 3-111）。

图 3-110　步骤 9

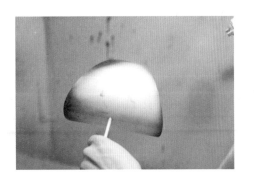

图 3-111　步骤 10

步骤 11：根据嵌件的表面处理要求喷涂光油（图 3-112）。
步骤 12：根据灯泡的表面处理要求喷涂油漆（图 3-113）。

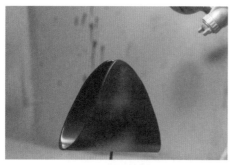 

图 3-112　步骤 11　　　　　　　　　　　图 3-113　步骤 12

步骤 13：进行灯具的最终组装（图 3-114）。
步骤 14：灯具手板模型制作完成（图 3-115）。

图 3-114　步骤 13　　　　　　　　　　　图 3-115　步骤 14

（六）成品展示

灯具手板模型制作效果如图 3-116 所示。

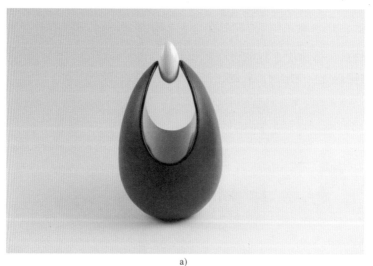

a)

图 3-116　灯具手板模型

b)   c)

图 3-116　灯具手板模型（续）

五、考核与评分标准

（一）学习效果自测

1. 三维源文件根据什么划分实体部分？

答：依据产品本身的功能结构、颜色或者材质进行划分。

2. CMF 图示文件当中颜色如何进行标注？

答：查询 PANTONE 色卡的编号进行标注。

3. 行业内拆图常用的软件是什么？格式是什么？

答：Creo 软件；STEP 通用工程格式。

4. 本案例中灯具主体部分被拆分成几个部件？

答：5 个部件。

5. 数控编程的步骤是什么？

答：将加工部件根据大小拼接在合适的原料上，指定刀具、转速、加工路径、加工厚度等参数，在软件上模拟加工，输出加工代码。

6. 反面加工时为什么要浇注石膏到正面？

答：因为加工反面时会产生热量导致工件变形，加工时刀具的切削力也会使工件变形，影响加工精度，所以需要浇注石膏。

7. 手板后处理中粘接的方式主要采用哪种？

答：主要用 502 胶蘸牙粉进行粘接。

8. 手板后处理中常用的工具有哪些？

答：砂纸、喷枪、什锦锉、磨光机、手钻等。

9. 喷涂的颜色应该如何确定？

答：在 CMF 图示文件中会标注产品表面的 PANTONE 色号，在调漆时根据 PANTONE 色号与参考的颜色比例进行确定。

10. 调漆的步骤有哪些？

答：首先按比例放置油漆，然后将稀释液放入油漆中进行稀释，将调制好的油漆刷在纸面上与 PANTONE 色卡进行对比，确认无误后再装入喷枪，试喷在色板上，再次确认后，完成喷涂。

（二）模型制作评分标准

见表 3-1。

表 3-1　曲面模型设计与制作评分标准

序号	项目	内容描述与要求	配分	得分
1	模型制作	曲面模型加工文件整理、前期分析与拆图	30	
		曲面模型手工处理与喷涂制作	30	
2	技术总结	加工流程记录完整	20	
		加工要求记录详尽、规范		
		加工照片与素材清晰、标准		
3	职业态度	学习过程态度端正、工作规范、工作环境整洁	20	
		学习过程出勤率高，按时完成作业		
4	总得分			

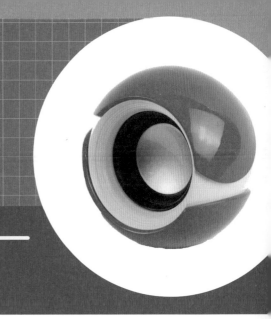

组合模型设计与制作——
音箱手板模型制作

一、项目介绍

  本项目重点介绍 ABS 材质电子产品（图 4-1、图 4-2）的外观手板模型制作要求以及加工注意事项。完成本项目的学习后，学习者应能够理解手板模型的加工流程与方案，掌握 PANTONE 色卡的使用方法、多种材质模型的加工要求、曲面形态模型的分析拆分方法、后期表面处理与喷漆等技能。

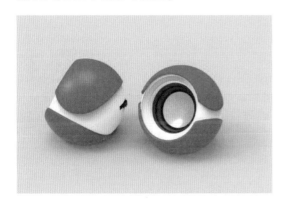

图 4-1 音箱效果图

图 4-2 音箱模型图

二、学习目标

  1）理解手板模型的加工制作流程。
  2）掌握手板模型中由不同材质部件组成的产品的加工文件整理要领和要求。
  3）学会查询 PANTONE 色卡并进行多种材质的 CMF 图示文件制作。
  4）理解曲面形态多部件产品的拆图要领与制作方法。
  5）理解 CNC 编程与加工的原理与流程。
  6）掌握 ABS 材质曲面形态模型的手工表面处理方法。

7）掌握喷漆的操作方法。

三、项目学习流程

音箱手板模型制作流程如图 4-3 所示。

加工文件整理

前期分析与拆图

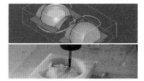
CNC编程与加工

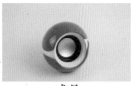
成品

喷涂与组装

后期表面处理

图 4-3　音箱手板模型制作流程

四、项目学习步骤

（一）加工文件整理

04.1　音箱加工文件整理

本项目中，音箱手板模型由六个不同的部分组成，分别是音箱上外壳、下外壳、主体、音量调节键、黑色鼓膜件和银色鼓膜件。所以在 Rhino 文件中需要根据功能将文件组合成六个实体部分（图 4-4）。

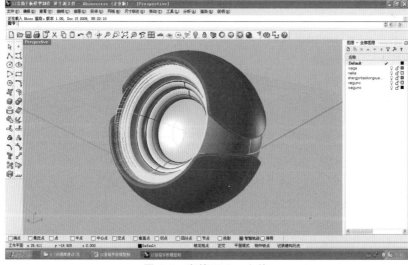

图 4-4　音箱 Rhino 文件

本项目的 CMF 图示文件可用音箱效果图进行标注。在手板模型制作过程中，根据实际需要，一些部件可以用其他材料模仿真实效果，这种方式在外观手板模型中很常见。本项目中的鼓膜部分可以用 ABS 材料喷涂黑色和银色磨砂效果油漆模仿而成。

音箱手板模型由白色亮面主体部分和红色亮面外壳部分组成。音箱鼓膜部分在其中部，由黑色和银色部件组成，黑色音量调节键在音箱后部。红色和黑色部分要查 PANTONE 色卡确定颜色代码，银色部分采用细闪银专用颜色，将这些要求标注在图示文件上（图 4-5）。

04.2 使用Adobe Illustrator制作音箱CMF文件

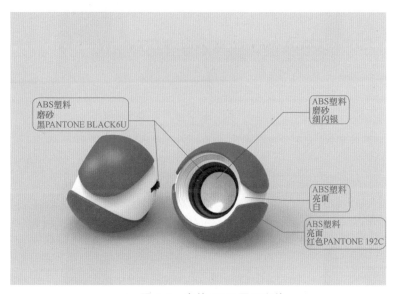

图 4-5　音箱 CMF 图示文件

（二）前期分析与拆图

步骤 1：将音箱 Rhino 文件转存成 STEP 通用工程格式文件（图 4-6）。

04.3 使用Creo拆分音箱的上下壳与音量调节键

图 4-6　步骤 1

步骤 2：在 Creo 中将转存好的文件打开（图 4-7）。

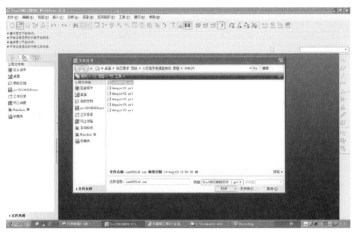

图 4-7　步骤 2

步骤 3：保存各个部件（图 4-8）。

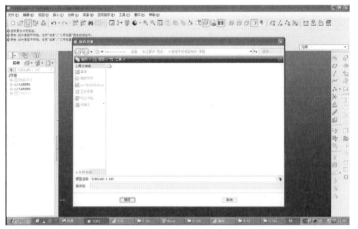

图 4-8　步骤 3

步骤 4：拆分音量调节键，移除多余部分（图 4-9）。

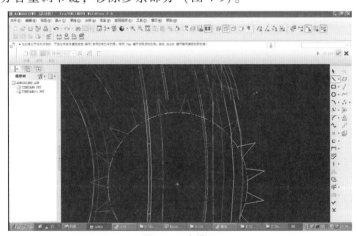

图 4-9　步骤 4

步骤 5：将定位件与上、下外壳进行实体化（图 4-10）。

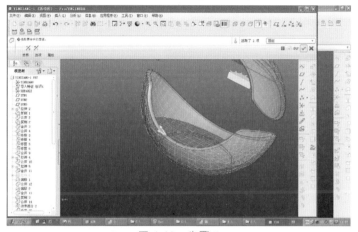

图 4-10　步骤 5

步骤 6：拆分音箱鼓膜（图 4-11）。

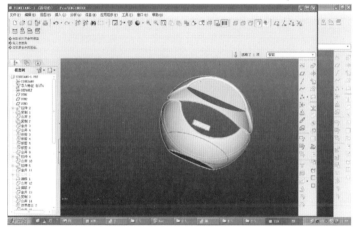

图 4-11　步骤 6

步骤 7：保存鼓膜拆分件（图 4-12）。

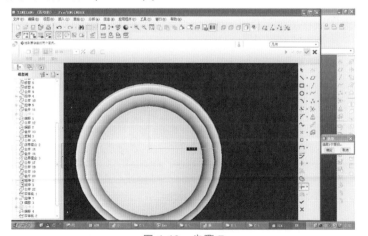

图 4-12　步骤 7

04.4　使用 Creo
拆分音箱鼓膜

第四章　组合模型设计与制作——音箱手板模型制作

71

步骤8：拆分音箱主体（图 4-13）。

图 4-13　步骤 8

步骤9：保存主体拆分件（图 4-14）。

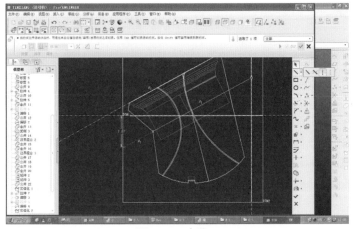

图 4-14　步骤 9

步骤10：新建组件文件，将拆分好的部件组装好（图 4-15）。

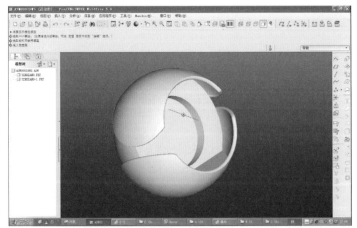

图 4-15　步骤 10

步骤 11：进行整体干涉检测并调整部件位置（图 4-16）。

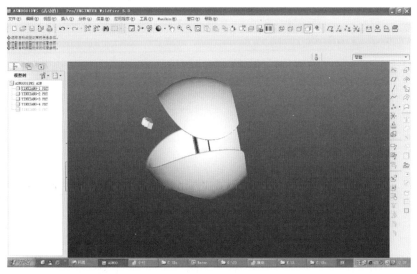

图 4-16　步骤 11

步骤 12：将各个部件进行颜色区分，保存组件（图 4-17）。

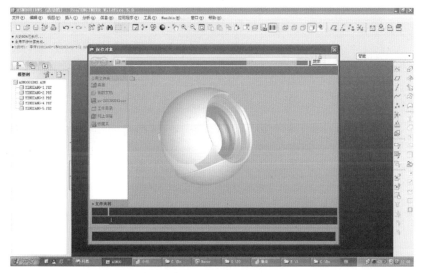

图 4-17　步骤 12

（三）CNC 编程与加工

1. CNC 编程

步骤 1：将拆分好的音箱上、下外壳 Creo 文件转存成 Mastercam 可以识别的 IGES 文件（图 4-18）。

步骤 2：将音箱上、下外壳移动至同一平面（图 4-19）。

步骤 3：添加加工材料毛坯尺寸并制作定位基准（图 4-20）。

04.5 使用
Mastercam编写
音箱上下壳拆
分件CNC加
工程序

图 4-18　步骤 1

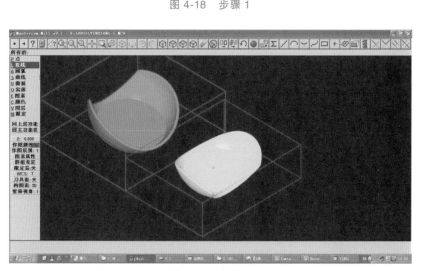

图 4-19　步骤 2

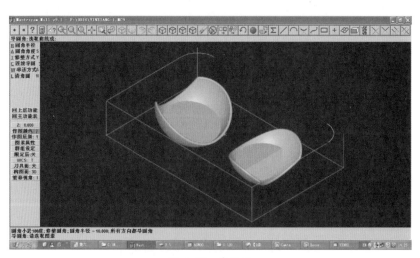

图 4-20　步骤 3

步骤 4：拾取边界路径，拾取曲面分模线（图 4-21）。

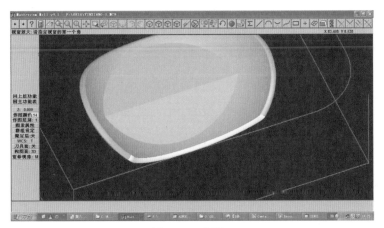

图 4-21　步骤 4

步骤 5：修整路径（图 4-22）。

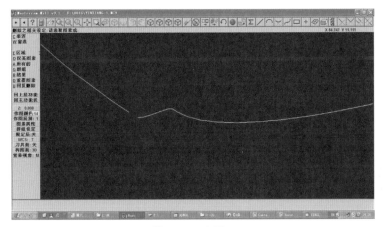

图 4-22　步骤 5

步骤 6：制作分模面（图 4-23）。

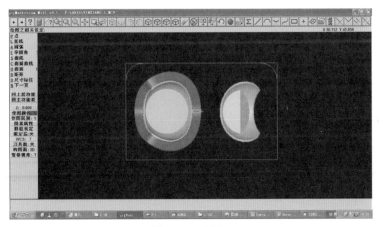

图 4-23　步骤 6

步骤 7：投影曲线（图 4-24）。

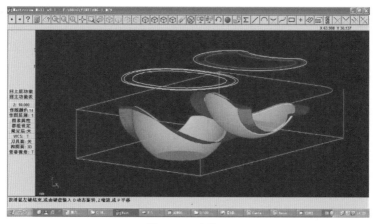

图 4-24　步骤 7

步骤 8：将路径偏移出开粗路径和精修路径（图 4-25）。

图 4-25　步骤 8

步骤 9：编写开粗路径并定位刀路（图 4-26）。

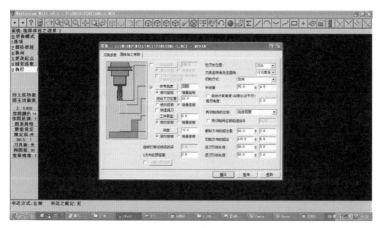

图 4-26　步骤 9

产品设计手板模型制作案例解析

步骤 10：编写精修刀路（图 4-27）。

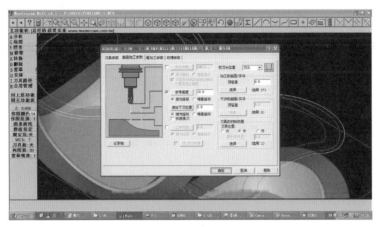

图 4-27　步骤 10

步骤 11：编写外形铣刀刀路（图 4-28）。

图 4-28　步骤 11

步骤 12：模拟计算刀路（图 4-29）。

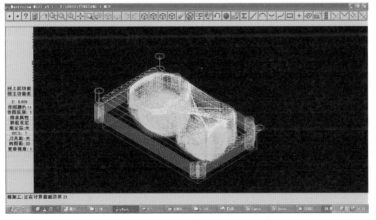

图 4-29　步骤 12

步骤 13：实体切削验证（图 4-30）。

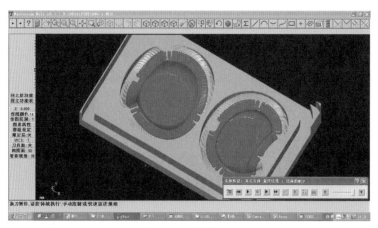

图 4-30　步骤 13

步骤 14：检查是否有过切（图 4-31）。

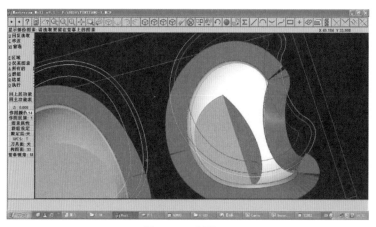

图 4-31　步骤 14

步骤 15：旋转部件（图 4-32）。

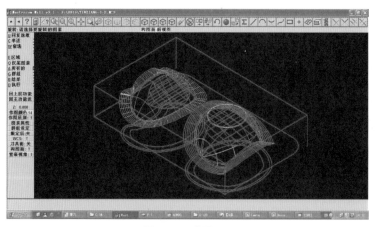

图 4-32　步骤 15

步骤16：调整刀路（图4-33）。

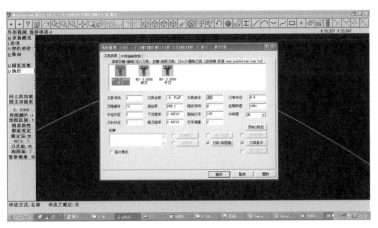

图 4-33　步骤 16

步骤17：模拟计算刀路（图4-34）。

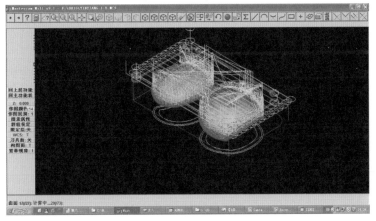

图 4-34　步骤 17

步骤18：实体切削验证（图4-35）。

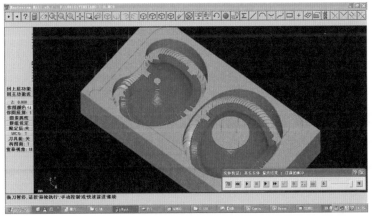

图 4-35　步骤 18

步骤 19：保存编写好的加工音箱上、下外壳的文件（图 4-36）。

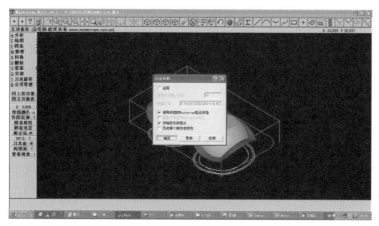

图 4-36　步骤 19

步骤 20：在 Mastercam 中打开音量调节键 IGES 文件（图 4-37）。

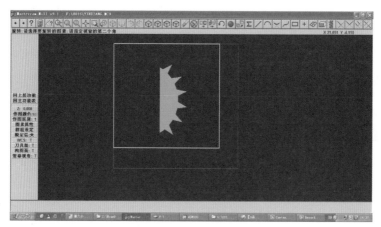

图 4-37　步骤 20

04.6　使用
Mastercam编写
音箱音量调节键
与鼓膜拆分件
CNC加工程序

步骤 21：制作定位基准（图 4-38）。

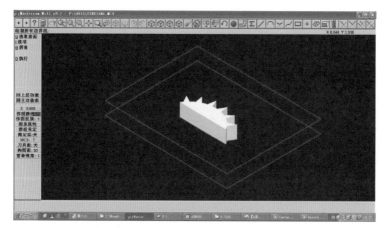

图 4-38　步骤 21

步骤 22：编写刀路（图 4-39）。

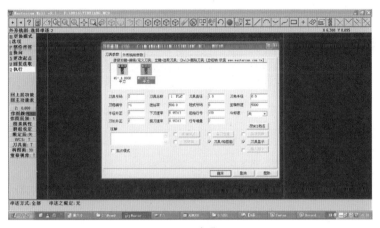

图 4-39　步骤 22

步骤 23：模拟计算刀路，实体切削验证（图 4-40）。

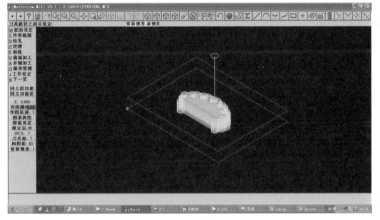

图 4-40　步骤 23

步骤 24：保存编写好的文件（图 4-41）。

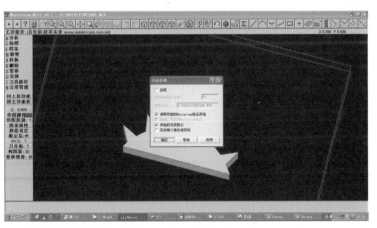

图 4-41　步骤 24

步骤 25：在 Mastercam 中打开音箱鼓膜 IGES 文件（图 4-42）。

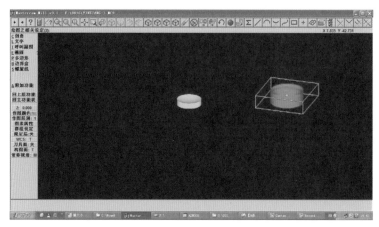

图 4-42　步骤 25

步骤 26：拾取边界路径（图 4-43）。

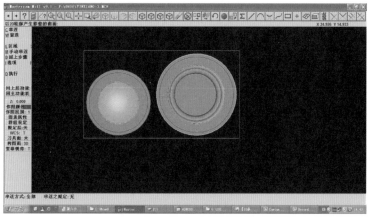

图 4-43　步骤 26

步骤 27：编写刀路（图 4-44）。

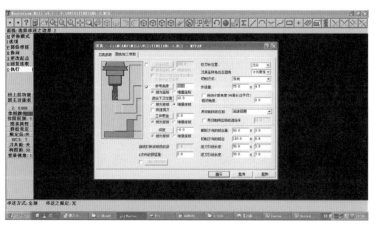

图 4-44　步骤 27

步骤28：模拟计算刀路（图4-45）。

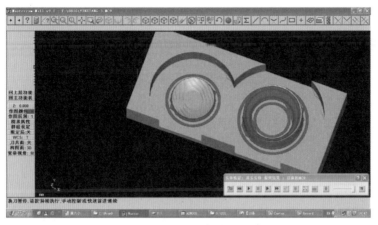

图4-45　步骤28

步骤29：保存编写好的文件（图4-46）。

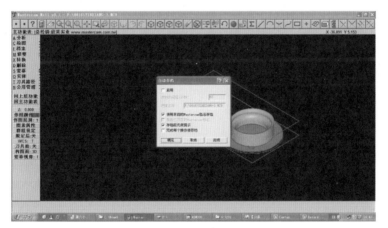

图4-46　步骤29

步骤30：在Mastercam中打开音箱主体的IGES文件（图4-47）。

04.7　使用
Mastercam编写
音箱主体正面
CNC加工程序

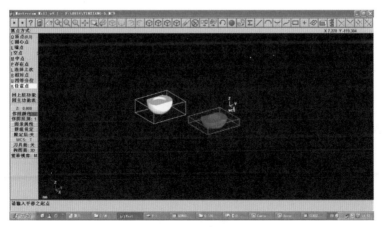

图4-47　步骤30

步骤 31：制作分模面（图 4-48）。

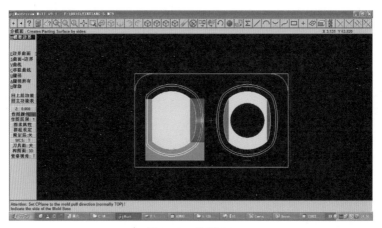

图 4-48　步骤 31

步骤 32：编写刀路（图 4-49）。

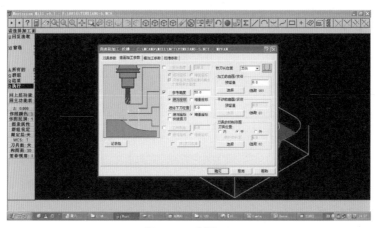

图 4-49　步骤 32

步骤 33：实体切削验证，检查是否有过切（图 4-50）。

图 4-50　步骤 33

步骤 34：选取中心点，旋转部件（图 4-51）。

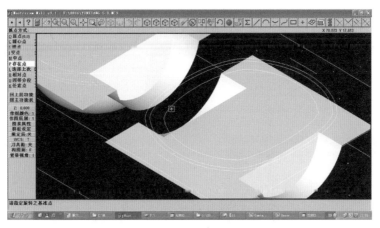

04.8 使用
Mastercam编写
音箱主体反面
CNC加工程序

图 4-51　步骤 34

步骤 35：调整编写刀路（图 4-52）。

图 4-52　步骤 35

步骤 36：实体切削验证，检查是否有过切并保存编写好的文件（图 4-53）。

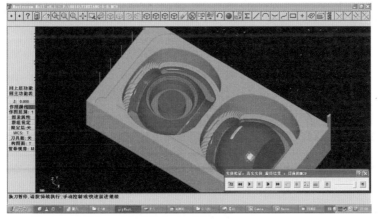

图 4-53　步骤 36

2．CNC 加工

步骤 1：清理音箱上、下外壳的加工板材（图 4-54）。

步骤 2：用 502 胶将板材固定在加工台面上（图 4-55）。

步骤 3：根据加工要求安装开粗刀具（图 4-56）。

步骤 4：Z 轴定位（图 4-57）。

步骤 5：进行开粗加工（图 4-58）。

步骤 6：将开粗刀具更换成精修刀具，Z 轴定位（图 4-59）。

04.9 使用CNC
加工中心进行
音箱各个拆分
件加工

图 4-54　步骤 1

图 4-55　步骤 2

图 4-56　步骤 3

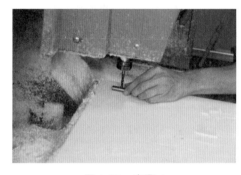

图 4-57　步骤 4

图 4-58　步骤 5

图 4-59　步骤 6

步骤 7：进行精修加工（图 4-60）。

步骤 8：正面加工完成（图 4-61）。

图 4-60　步骤 7

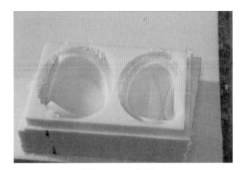

图 4-61　步骤 8

步骤 9：取下加工件（图 4-62）。

步骤 10：在 CNC 加工中心加工台面上切割出定位线，粘贴定位 ABS 卡片（图 4-63）。

图 4-62　步骤 9

图 4-63　步骤 10

步骤 11：在加工件加工的一面浇注石膏（图 4-64）。

步骤 12：切割出定位卡口，清理加工台面（图 4-65）。

图 4-64　步骤 11

图 4-65　步骤 12

步骤 13：将加工件固定在加工台面上，进行背面加工。（图 4-66）

步骤 14：将刀具更换成精修刀具（图 4-67）。

步骤 15：Z 轴定位（图 4-68）。

步骤 16：进行精修加工（图 4-69）。

步骤 17：将精修刀具更换成铣边刀具，Z 轴定位（图 4-70）。

步骤 18：铣边角（图 4-71）。

图 4-66　步骤 13

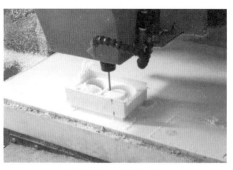

图 4-67　步骤 14

图 4-68　步骤 15

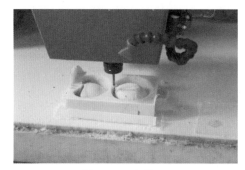

图 4-69　步骤 16

图 4-70　步骤 17

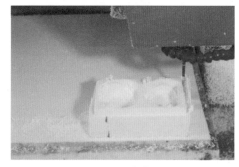

图 4-71　步骤 18

步骤 19：取下加工件（图 4-72）。

步骤 20：音箱上、下外壳加工完成（图 4-73）。

图 4-72　步骤 19

图 4-73　步骤 20

步骤 21：用 502 胶将音量调节键和鼓膜加工板材固定在加工台面上（图 4-74）。
步骤 22：根据加工要求安装刀具（图 4-75）。

图 4-74　步骤 21

图 4-75　步骤 22

步骤 23：加工音量调节键和鼓膜（图 4-76）。
步骤 24：将开粗刀具更换成铣边刀具（图 4-77）。

图 4-76　步骤 23

图 4-77　步骤 24

步骤 25：铣边角（图 4-78）。
步骤 26：音量调节键和鼓膜加工完成（图 4-79）。

图 4-78　步骤 25

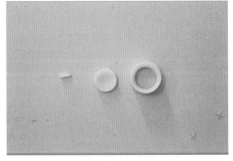

图 4-79　步骤 26

步骤 27：用 502 胶将音箱主体加工板材固定在加工台面上（图 4-80）。
步骤 28：根据加工要求安装刀具（图 4-81）。
步骤 29：进行加工（图 4-82）。
步骤 30：正面加工完成（图 4-83）。

图 4-80　步骤 27

图 4-81　步骤 28

图 4-82　步骤 29

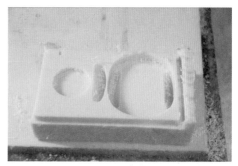

图 4-83　步骤 30

步骤 31：在加工件加工的一面浇注石膏（图 4-84）。

步骤 32：更换刀具，Z 轴定位（图 4-85）。

图 4-84　步骤 31

图 4-85　步骤 32

步骤 33：将加工件固定在加工台面上，开始背面加工（图 4-86）。

步骤 34：进行铣边角（图 4-87）。

图 4-86　步骤 33

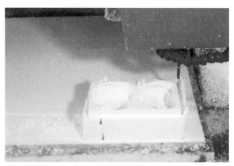

图 4-87　步骤 34

步骤35：取下加工件（图4-88）。

步骤36：音箱主体加工完成，音箱加工完成（图4-89）。

图4-88　步骤35

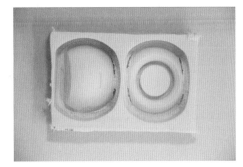
图4-89　步骤36

（四）后期表面处理

步骤1：去除音箱CNC加工的毛刺（图4-90）。

步骤2：用502胶对音箱的主体进行初装（图4-91）。

步骤3：用铲刀修整音量调节键（图4-92）。

步骤4：用刮刀对音箱主体的表面进行修整，用240号砂纸打磨表面（图4-93）。

步骤5：用502胶蘸牙粉修补接缝处，用铲刀和锉刀修整上、下外壳（图4-94）。

步骤6：用铲刀和锉刀去除音箱上的CNC加工毛刺（图4-95）。

04.10　使用砂纸和刮刀进行音箱加工件后期手工修整与组装工作

图4-90　步骤1

图4-91　步骤2

图4-92　步骤3

图4-93　步骤4

图 4-94　步骤 5

图 4-95　步骤 6

步骤 7：喷涂薄底灰（图 4-96）。

步骤 8：用 400 号砂纸蘸水进行打磨，直至将薄底灰打磨掉（图 4-97）。

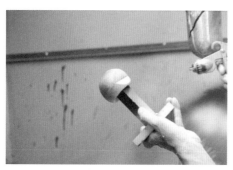
图 4-96　步骤 7

图 4-97　步骤 8

步骤 9：吹干，修补（图 4-98）。

步骤 10：用铲刀和 400 号砂纸修整边角处（图 4-99）。

图 4-98　步骤 9

图 4-99　步骤 10

步骤 11：打磨音箱的上、下外壳（图 4-100）。

步骤 12：清洗，吹干（图 4-101）。

步骤 13：进行试组装（图 4-102）。

步骤 14：用 400 号砂纸打磨鼓膜和音量调节键（图 4-103）。

步骤 15：固定音箱主体（图 4-104）。

步骤 16：喷涂白底（图 4-105）。

图 4-100　步骤 11

图 4-101　步骤 12

图 4-102　步骤 13

图 4-103　步骤 14

图 4-104　步骤 15

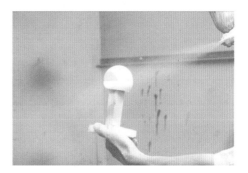

图 4-105　步骤 16

步骤 17：用 800 号砂纸打磨（图 4-106）。

步骤 18：吹干（图 4-107）。

图 4-106　步骤 17

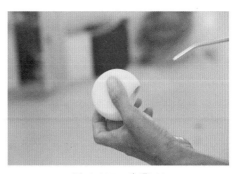

图 4-107　步骤 18

步骤 19：再次喷涂白底（图 4-108）。

图 4-108　步骤 19

（五）喷涂与组装

步骤 1：根据 CMF 图示文件所标注的 PANTONE 色号进行调漆（图 4-109）。

步骤 2：将调好的油漆与色卡上的颜色进行对比（图 4-110）。

步骤 3：喷涂音箱上、下外壳的油漆（图 4-111）。

步骤 4：喷涂音箱主体的油漆（图 4-112）

步骤 5：喷涂鼓膜和音量调节键的油漆（图 4-113）。

步骤 6：喷涂光油（图 4-114）。

04.11　借助
PANTONE色
卡调漆喷涂表
面处理效果
并组装音箱

图 4-109　步骤 1

图 4-110　步骤 2

图 4-111　步骤 3

图 4-112　步骤 4

步骤 7：音箱的喷漆工作结束（图 4-115）。

步骤 8：进行音箱的最终组装（图 4-116）。

图 4-113 步骤 5

图 4-114 步骤 6

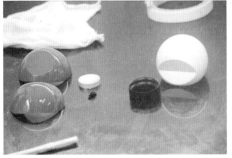

图 4-115 步骤 7

图 4-116 步骤 8

步骤 9：音箱手板模型制作完成（图 4-117）。

图 4-117 步骤 9

（六）成品展示

音箱手板模型制作效果如图 4-118 所示。

a)

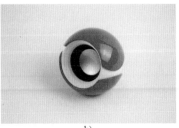

b)

c)

图 4-118 音箱手板模型

五、考核与评分标准

（一）学习效果自测

1. 在 Rhino 文件中，音箱被划分成几个部分？依据是什么？

答：划分成六个部分，依据产品的功能划分。

2. CMF 图示文件当中哪几个颜色需要标 PANTONE 色号？

答：黑色、红色。

3. 拆分部件时需要注意的事项有哪些？

答：不要在产品的受力部分进行拆分；不要影响到后期的外观效果；拆分好的部件间应该有装卡结构，以保证后续拼接。

4. 手板行业常用的数控编程软件是什么？

答：Mastercam。

5. 手板模型数控加工的步骤是什么？

答：根据加工要求下料；用 502 胶将原料固定在加工平台上，对刀确定圆心，尝试加工，正式加工，有必要的话更换刀具以保证加工精度；从加工平台上取下半成品，用石膏浇注加工过的部分，凝固后换反面继续加工；加工完后拆下部件，清洗干净后加工结束。

6. CNC 加工过后的部件为什么需要修整与打磨？

答：因为 CNC 加工之后，部件表面都会留下加工的刀路痕迹。此外，加工过程中，难免会出现加工不到位的地方，这个时候就需要用手工方式继续修整与打磨。

7. 打磨的具体技术要求是什么？

答：打磨中需要用到不同规格的砂纸，先用颗粒比较大的砂纸进行初步打磨，再用颗粒比较小的砂纸进行精细打磨。市场上购买的砂纸，标号数字越大，其颗粒越细。最后打磨时，可以在部件表面喷涂一层底灰，以将底灰刚刚打磨掉为标准，来保证打磨的均匀程度。

8. 喷涂的颜色应该如何确定？

答：在 CMF 图示文件中会标有产品表面的 PANTONE 色号，在调漆时根据 PANTONE 色号与参考的颜色比例进行确定。

9. 调漆的步骤有哪些？

答：首先按比例放置油漆，然后将稀释液放入油漆中进行稀释，将调制好的油漆刷在纸面上与 PANTONE 色卡进行对比，确认无误后再装入喷枪，试喷在色板上，再次确认后，完成喷涂。

（二）模型制作评分标准

见表 4-1。

表 4-1　组合模型设计与制作评分标准

序号	项目	内容描述与要求	配分	得分
1	模型制作	组合模型加工文件整理、前期分析与拆图	30	
		组合模型手工处理与喷涂制作	30	
2	技术总结	加工流程记录完整	20	
		加工要求记录详尽、规范		
		加工照片与素材清晰、标准		
3	职业态度	学习过程态度端正、工作规范、工作环境整洁	20	
		学习过程出勤率高,按时完成作业		
4	总得分			

第五章

复杂组合模型设计、制作与表面处理——闹钟手板模型制作

一、项目介绍

　　本项目重点介绍闹钟的外观手板模型制作要领以及加工注意事项（图5-1、图5-2）。除了常规手板模型的制作学习要点外，增添了丝网印刷的学习要求。完成本项目的学习后，学习者应能够理解手板模型的加工流程与方法，掌握PANTONE色卡的使用方法、丝网印加工文件的整理、复杂组合手板模型的加工要求、模型的分析拆分要求、后期表面处理、喷漆与丝网印刷等知识。

图 5-1　闹钟效果图

图 5-2　闹钟模型图

二、学习目标

　　1）理解手板模型的加工制作流程。

　　2）掌握手板模型中由不同材质部件组成的产品的加工文件整理要领和要求。

　　3）学会查询PANTONE色卡并进行多种材质的CMF图示文件制作。

　　4）学会制作丝网印刷文件。

5）理解多部件产品的拆图要领与制作方法。

6）理解 CNC 编程与加工的原理与流程。

7）掌握 ABS 材质曲面形态模型的手工表面处理方法。

8）掌握喷漆工艺技术。

9）掌握丝网印刷的流程与方法。

三、项目学习流程

闹钟手板模型制作流程如图 5-3 所示。

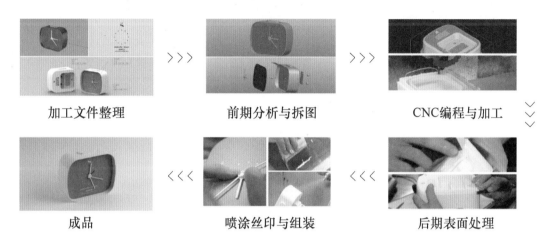

| 加工文件整理 | 前期分析与拆图 | CNC编程与加工 |

| 成品 | 喷涂丝印与组装 | 后期表面处理 |

图 5-3　闹钟手板模型制作流程

四、项目学习步骤

（一）加工文件整理

本项目中，闹钟手板模型由七个不同的部分组成，分别是闹钟壳体、大按键、前面板、四个指针、转轴、两个闹钟控制旋钮和一个电池盖，所以 Rhino 文件中需要根据功能将文件组合成十一个实体件（图 5-4）。

本项目的 CMF 图示文件可用闹钟的效果图进行标注。闹钟由黄白色亮面主体外壳构成，前面板和电池盖为天蓝色亚光喷漆效果，大按键、计时指针和转轴表面处理颜色和效果同闹钟主体。所有颜色要查 PANTONE 色卡确定颜色代码，将这些要求标注在图示文件上（图 5-5）。

其中前面板当中的图案和文字采用丝网印刷的效果完成（图 5-6），在平面设计软件（本教程采用 Illustrator）中将需要印刷的图案和文字绘制下来，这里的内容一定要按照 1∶1 的方式进行绘制。文件中有颜色的部分是要印刷在面板上的内容（注意，这里的颜色不一定是图案的真实颜色，可以是任意颜色）。

05.1 闹钟加工
文件整理

05.2 使用Adobe
Illustrator制作
闹钟CMF文件

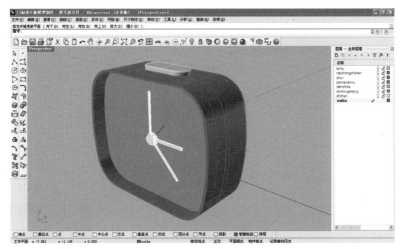

图 5-4 闹钟 Rhino 文件

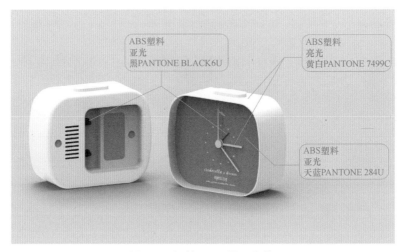

图 5-5 闹钟 CMF 图示文件

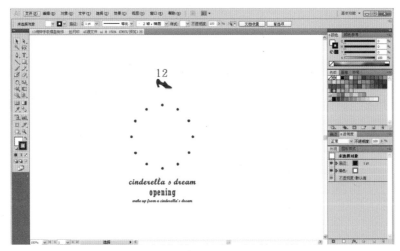

图 5-6 闹钟丝网印刷源文件

产品设计手板模型制作案例解析

（二）前期分析与拆图

步骤 1：将闹钟 Rhino 文件转存成 STEP 通用工程格式文件（图 5-7）。

步骤 2：在 Creo 中将转存好的义件打升（图 5-8）。

步骤 3：将部件进行实体化（图 5-9）。

05.3 使用Creo
拆分闹钟指
针与按键

图 5-7　步骤 1

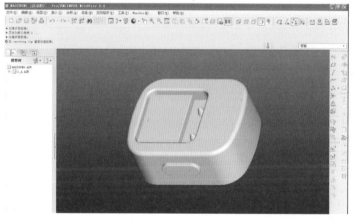

图 5-8　步骤 2

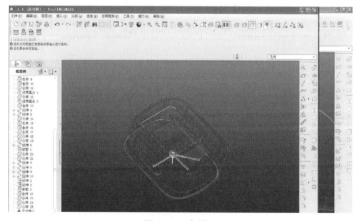

图 5-9　步骤 3

第五章　复杂组合模型设计、制作与表面处理——闹钟手板模型制作步骤4：拆分大按键（图5-10）。

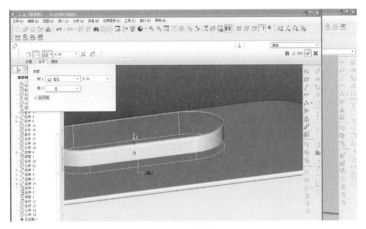

图 5-10　步骤 4

步骤5：在新建窗口中打开并保存大按键（图5-11）。

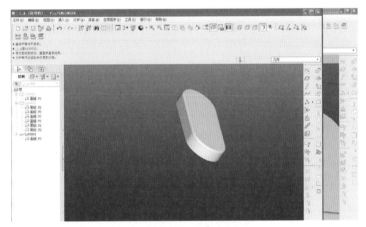

图 5-11　步骤 5

步骤6：在新建窗口中打开并保存指针（图5-12）。

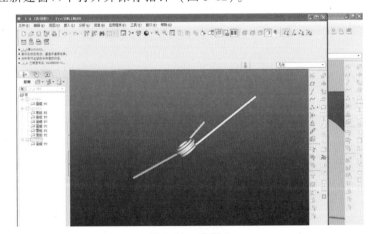

图 5-12　步骤 6

步骤7：闹钟控制旋钮拆分并保存拆分件（图5-13）。

步骤8：在新建窗口中打开并保存指针转轴（图5-14）。

步骤9：在新建窗口打开并保存电池盖（图5-15）。

05.4 使用Creo
拆分闹钟主体
与旋转轴

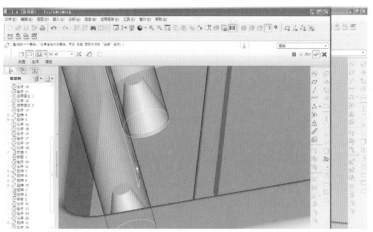

图 5-13　步骤 7

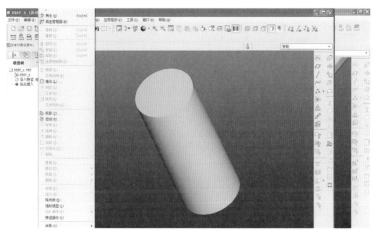

图 5-14　步骤 8

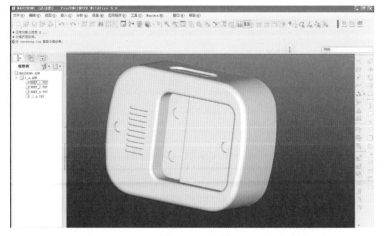

图 5-15　步骤 9

第五章　复杂组合模型设计、制作与表面处理——闹钟手板模型制作

步骤 10：在新建窗口中打开并保存前面板（图 5-16）。

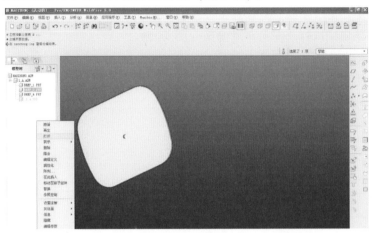

图 5-16　步骤 10

步骤 11：新建组件文件（图 5-17）。

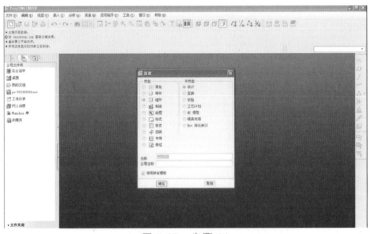

图 5-17　步骤 11

步骤 12：将拆分好的各个部件组装到一起（图 5-18）。

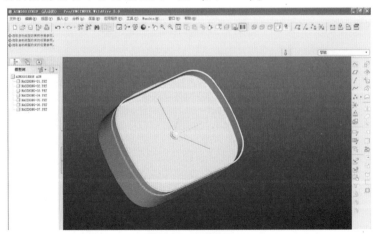

图 5-18　步骤 12

步骤 13：使用拉伸工具和剪切工具拆分大按键装配槽并保存（图 5-19）。

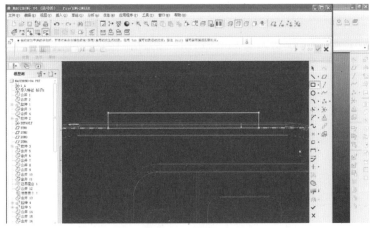

图 5-19　步骤 13

步骤 14：重新组装大按键装配槽拆分件（图 5-20）。

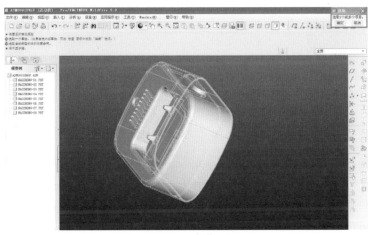

图 5-20　步骤 14

步骤 15：对各个部件进行颜色区分并保存（图 5-21）。

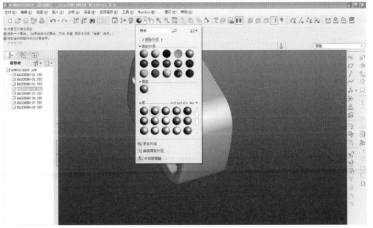

图 5-21　步骤 15

（三）CNC 编程与加工

1. CNC 编程

步骤 1：将指针的 Creo 文件转存成 Mastercam 可以识别的 IGES 文件（图 5-22）。

步骤 2：在 Mastercam 中打开指针的 IGES 文件（图 5-23）。

步骤 3：添加加工材料毛坯尺寸并移动部件至同一平面（图 5-24）。

步骤 4：拾取边界路径并编写刀路（图 5-25）。

05.5 使用 Mastercam编写闹钟指针拆分件CNC加工程序

图 5-22　步骤 1

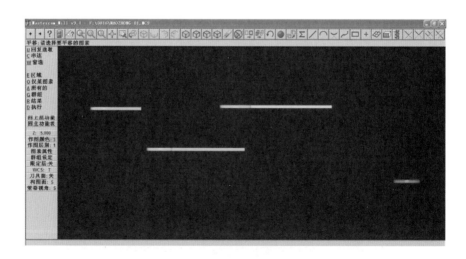

图 5-23　步骤 2

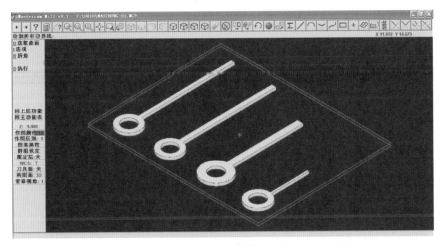

图 5-24 步骤 3

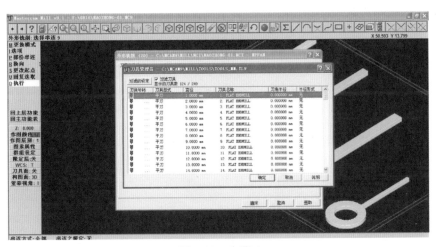

图 5-25 步骤 4

步骤 5：模拟计算刀路（图 5-26）。

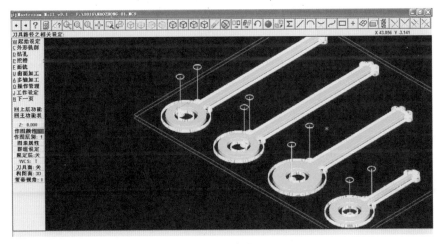

图 5-26 步骤 5

步骤6：实体切削验证，检查是否有过切（图5-27）。

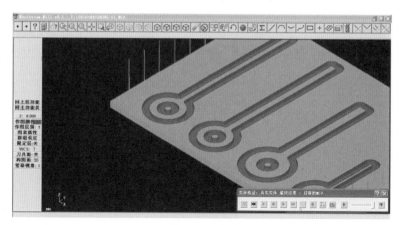

图 5-27　步骤 6

步骤7：保存编写好的文件（图5-28）。

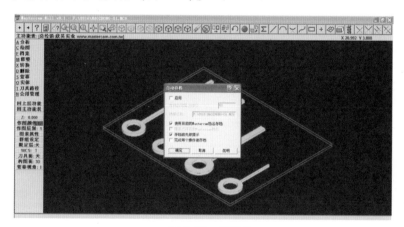

图 5-28　步骤 7

步骤8：在 Mastercam 中打开闹钟大按键和控制旋钮的 IGES 文件（图5-29）。

05.6 使用
Mastercam编写
闹钟按键与主
体拆分件正面
CNC加工程序

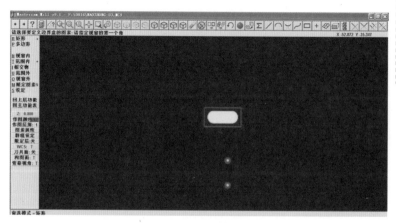

图 5-29　步骤 8

产品设计手板模型制作案例解析

步骤9：添加加工材料毛坯尺寸并移动部件至同一平面（图5-30）。

图5-30　步骤9

步骤10：拾取边界路径（图5-31）。

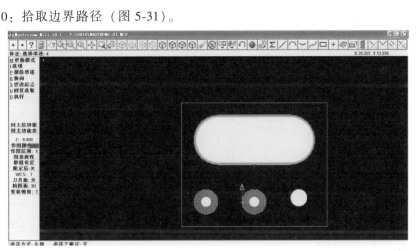

图5-31　步骤10

步骤11：制作分模面（图5-32）。

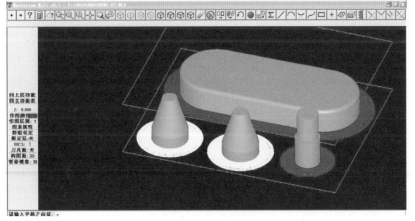

图5-32　步骤11

步骤 12：编写刀路（图 5-33）。

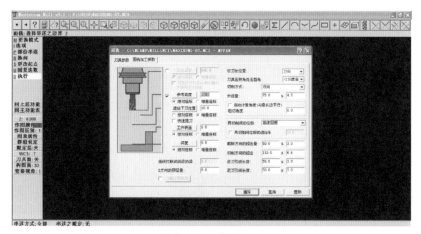

图 5-33　步骤 12

步骤 13：模拟计算刀路（图 5-34）。

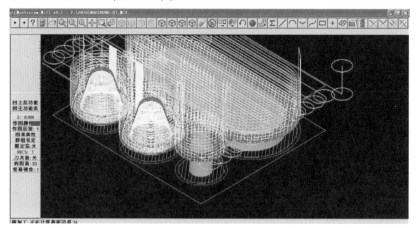

图 5-34　步骤 13

步骤 14：实体切削验证，检查是否有过切（图 5-35）。

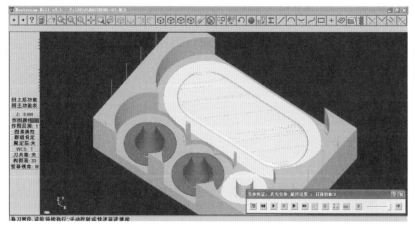

图 5-35　步骤 14

步骤 15：保存编写好的文件（图 5-36）。

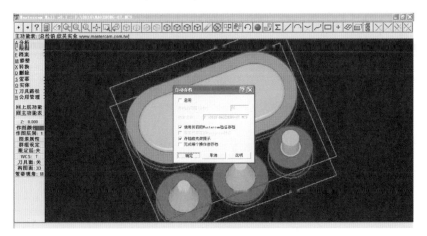

图 5-36　步骤 15

步骤 16：在 Mastercam 中打开闹钟主体的 IGES 文件（图 5-37）。

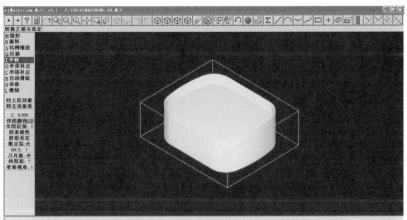

图 5-37　步骤 16

步骤 17：制作定位基准（图 5-38）。

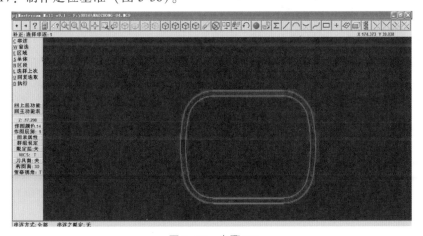

图 5-38　步骤 17

步骤 18：制作分模面（图 5-39）。

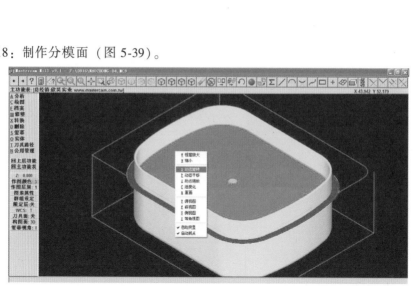

图 5-39　步骤 18

步骤 19：编写刀路（图 5-40）。

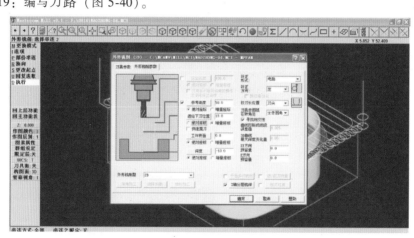

图 5-40　步骤 19

步骤 20：实体切削验证，检查是否有过切（图 5-41）。

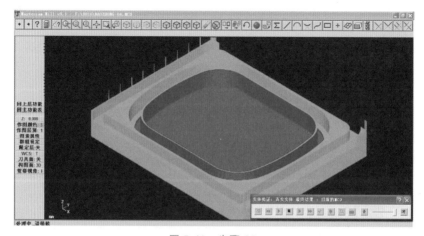

图 5-41　步骤 20

步骤 21：保存编写好的文件（图 5-42）。

图 5-42　步骤 21

步骤 22：选取中心点，旋转部件（图 5-43）。
步骤 23：编写背面刀路（图 5-44）。

05.7 使用
Mastercam编写
闹钟主体拆分
件反面CNC
加工程序

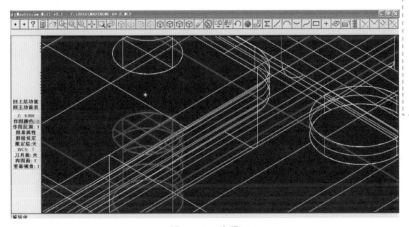

图 5-43　步骤 22

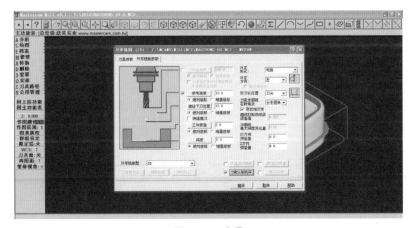

图 5-44　步骤 23

步骤 24：实体切削验证，检查是否有过切（图 5-45）。

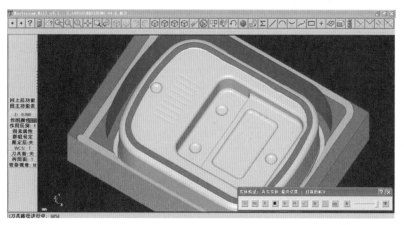

图 5-45 步骤 24

步骤 25：保存编写好的文件（图 5-46）。

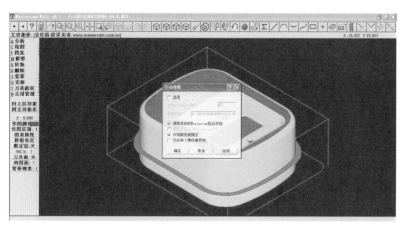

图 5-46 步骤 25

步骤 26：同样方法编写前面板和电池盖的加工文件并保存（图 5-47）。

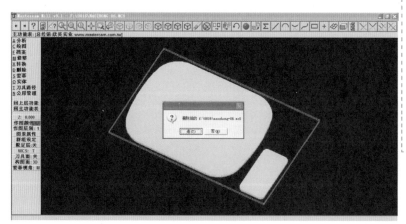

图 5-47 步骤 26

05.8 使用
Mastercam编写
闹钟指针面板
与按键卡位拆
分件CNC加
工程序

步骤 27：同样方法编写大按键装配槽拆分件的加工文件并保存（图 5-48）。

图 5-48　步骤 27

2. CNC 加工

步骤 1：将闹钟主体板材固定在加工台面上进行开粗加工（图 5-49）。

步骤 2：开粗加工完成（图 5-50）。

步骤 3：换刀具进行精修加工（图 5-51）。

步骤 4：取下加工件（图 5-52）。

05.9　使用CNC
加工中心进行
闹钟主体拆分
件加工

图 5-49　步骤 1

图 5-50　步骤 2

图 5-51　步骤 3

图 5-52　步骤 4

步骤 5：去除加工毛刺（图 5-53）。

步骤 6：正面加工完成（图 5-54）。

图 5-53　步骤 5

图 5-54　步骤 6

步骤 7：在加工件加工的一面浇注石膏（图 5-55）。

步骤 8：刮平加工件浇注石膏的一面（图 5-56）。

图 5-55　步骤 7

图 5-56　步骤 8

步骤 9：在 CNC 加工台面上切割出定位线（图 5-57）。

步骤 10：粘贴定位 ABS 卡片（图 5-58）。

图 5-57　步骤 9

图 5-58　步骤 10

步骤 11：切割出定位卡口（图 5-59）。

步骤 12：将加工件固定在加工台面上（图 5-60）。

图 5-59　步骤 11

图 5-60　步骤 12

步骤 13：安装开粗刀具，Z 轴定位（图 5-61）。

步骤 14：进行开粗加工（图 5-62）。

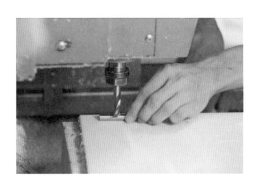

图 5-61　步骤 13

图 5-62　步骤 14

步骤 15：更换精修刀具，进行精修加工（图 5-63）。

步骤 16：将精修刀具更换成铣边刀具（图 5-64）。

图 5-63　步骤 15

图 5-64　步骤 16

步骤 17：进行喇叭孔位加工（图 5-65）。

步骤 18：闹钟主体加工完成（图 5-66）。

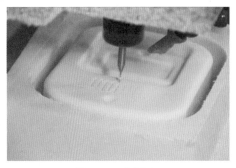

图 5-65　步骤 17

图 5-66　步骤 18

步骤 19：用 502 胶将旋钮控制件和大按键的加工板材固定在加工台面上（图 5-67）。

步骤 20：进行控制旋钮和大按键的 CNC 加工（图 5-68）。

步骤 21：控制旋钮和大按键加工完成（图 5-69）。

步骤 22：将前面板和电池盖的加工板材固定在加工台面上（图 5-70）。

05.10 使用CNC加工中心进行闹钟指针与按键拆分件加工

图 5-67　步骤 19

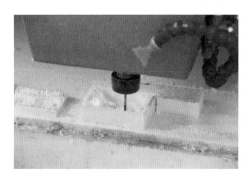

图 5-68　步骤 20

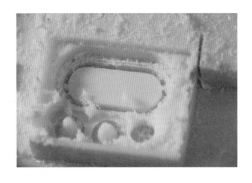

图 5-69　步骤 21

图 5-70　步骤 22

步骤 23：根据加工要求安装刀具（图 5-71）。

步骤 24：进行前面板和电池盖的 CNC 加工（图 5-72）。

产品设计手板模型制作案例解析

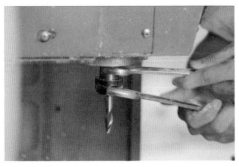

图 5-71　步骤 23

图 5-72　步骤 24

步骤 25：取下加工件（图 5-73）。

步骤 26：前面板和电池盖加工完成（图 5-74）。

图 5-73　步骤 25

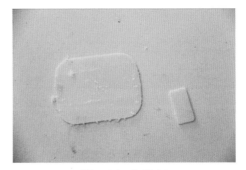

图 5-74　步骤 26

步骤 27：指针大按键加工步骤如上所述（图 5-75）。

步骤 28：闹钟 CNC 加工完成（图 5-76）。

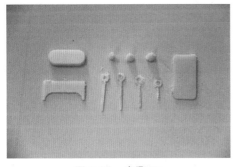

图 5-75　步骤 27

图 5-76　步骤 28

（四）后期表面处理

步骤 1：用白电油清洗前面板、电池盖、指针和控制旋钮（图 5-77）。

步骤 2：测量电池盖的装配槽（图 5-78）。

步骤 3：进行电池盖的试装配（图 5-79）。

步骤 4：修正前面板（图 5-80）。

05.11　使用砂纸和刮刀进行闹钟加工件后期手工修正与组装工作

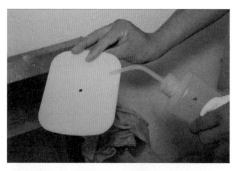

图 5-77　步骤 1

图 5-78　步骤 2

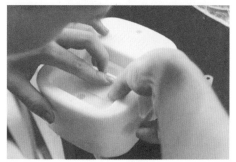

图 5-79　步骤 3

图 5-80　步骤 4

步骤 5：打磨铲刀（图 5-81）。

步骤 6：用铲刀清理前面板的装配槽（图 5-82）。

图 5-81　步骤 5

图 5-82　步骤 6

步骤 7：进行前面板的试组装（图 5-83）。

步骤 8：进行大按键装配槽的拆分件组装（图 5-84）。

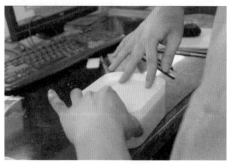

图 5-83　步骤 7

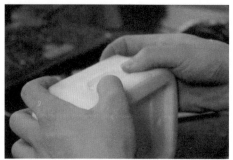

图 5-84　步骤 8

步骤 9：用手工电钻进行转轴装配槽的修正（图 5-85）。

步骤 10：对前面板、转轴和闹钟主体进行试组装（图 5-86）。

图 5-85　步骤 9

图 5-86　步骤 10

步骤 11：用铲刀和锉刀修整闹钟大按键装配槽的接缝处（图 5-87）。

步骤 12：用铅笔画边缘线（图 5-88）。

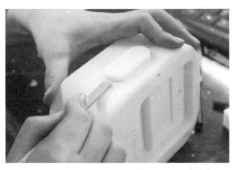

图 5-87　步骤 11

图 5-88　步骤 12

步骤 13：用砂纸和刮刀修整闹钟主体表面（图 5-89）。

步骤 14：用砂纸打磨闹钟的前面板（图 5-90）。

图 5-89　步骤 13

图 5-90　步骤 14

步骤 15：清理闹钟指针、控制旋钮和转轴的 CNC 加工毛刺（图 5-91）。

步骤 16：用手工电钻、锉刀修正指针孔（图 5-92）。

步骤 17：固定指针、转轴和控制旋钮（图 5-93）。

步骤 18：喷涂薄底灰（图 5-94）。

图 5-91　步骤 15

图 5-92　步骤 16

图 5-93　步骤 17

图 5-94　步骤 18

步骤 19：用 400 号的砂纸进行整体打磨，直至将底灰打磨掉（图 5-95）。

步骤 20：吹干，修补（图 5-96）。

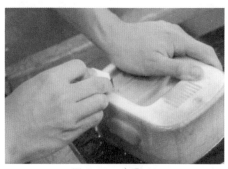

图 5-95　步骤 19

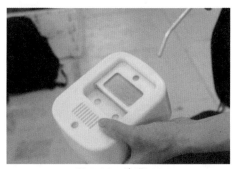

图 5-96　步骤 20

步骤 21：喷涂指针的底灰（图 5-97）。

步骤 22：调制白色底漆（图 5-98）。

图 5-97　步骤 21

图 5-98　步骤 22

产品设计手板模型制作案例解析

步骤 23：喷涂前面板和电池盖（图 5-99）。

步骤 24：喷涂闹钟主体（图 5-100）。

图 5-99　步骤 23

图 5-100　步骤 24

步骤 25：用 600 号砂纸和铲刀进行闹钟主体的修整（图 5-101）。

步骤 26：用腻子进行修补（图 5-102）。

图 5-101　步骤 25

图 5-102　步骤 26

步骤 27：用 600 号的砂纸进行打磨（图 5-103）。

步骤 28：吹干，手工处理完成（图 5-104）。

图 5-103　步骤 27

图 5-104　步骤 28

（五）喷涂、丝印与组装

步骤 1：根据 CMF 图示文件标注的 PANTONE 色号调制灯具主体的油漆（图 5-105）。

步骤 2：将调好的油漆与色卡进行对比（图 5-106）。

05.12 借助
PANTONE色
卡调漆与油墨
喷涂表面处理
效果与丝印拆
分件并组装
闹钟

图 5-105　步骤 1

图 5-106　步骤 2

步骤 3：喷涂底色（图 5-107）。
步骤 4：喷涂前面板和电池盖（图 5-108）。

图 5-107　步骤 3

图 5-108　步骤 4

步骤 5：喷涂灯具主体、指针、转轴和控制旋钮（图 5-109）。
步骤 6：清理前面板与装配槽（图 5-110）。

图 5-109　步骤 5

图 5-110　步骤 6

步骤 7：调制油墨（图 5-111）。
步骤 8：定位网版（图 5-112）。
步骤 9：放置油墨（图 5-113）。
步骤 10：用网版刷刷过网版，印出表盘刻度（图 5-114）。

图 5-111　步骤 7

图 5-112　步骤 8

图 5-113　步骤 9

图 5-114　步骤 10

步骤 11：用白电油清理网版（图 5-115）。

步骤 12：放置油墨（图 5-116）。

图 5-115　步骤 11

图 5-116　步骤 12

步骤 13：用网版刷刷过网版，印出表盘下文字（图 5-117）。

步骤 14：丝网印刷制作完成（图 5-118）。

图 5-117　步骤 13

图 5-118　步骤 14

步骤 15：进行闹钟最终的修正装配（图 5-119）。

步骤 16：闹钟手板模型制作完成（图 5-120）。

图 5-119　步骤 15

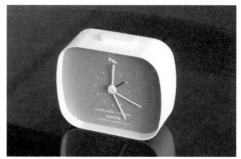

图 5-120　步骤 16

（六）成品展示

闹钟手板模型制作效果如图 5-121 所示。

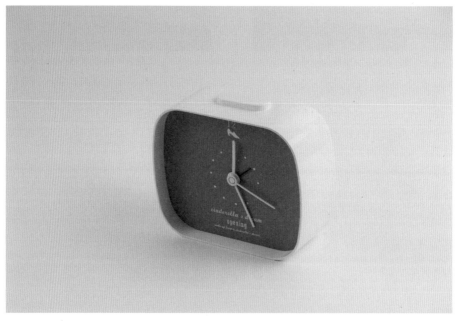

a)

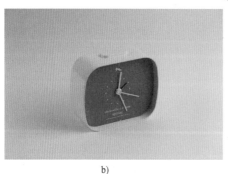

b)

c)

图 5-121　闹钟手板模型

五、考核与评分标准

（一）学习效果自测

1. 在 Rhino 文件中，闹钟被划分成几个部分？共多少个实体件？

答：划分成七个部分，共十一个实体件。

2. 丝网印刷文件整理时的注意事项有哪些？

答：绘制图案要根据实际比例 1∶1 绘制，图案中有颜色部分是要印刷的部分，文件中的颜色与实际印刷的颜色无关。

3. 拆分部件时需要注意的事项有哪些？

答：不要在产品的受力部分进行拆分，不要影响到后期的外观效果，拆分好的部件间应该有装卡结构，以保证后续拼接。

4. 数控编程的步骤是什么？

答：将加工部件根据大小拼接在合适的原料上，指定刀具、转速、加工路径、加工厚度等参数，在软件上模拟加工，输出加工代码。

5. 反面加工时为什么要浇注石膏到正面？

答：因为加工反面时会产生热量导致工件变形，加工时刀具的切削力也会使工件变形，影响加工精度，所以需要浇注石膏。

6. 手板后处理中粘接的方式主要采用哪种？

答：主要用 502 胶蘸牙粉进行粘接。

7. 手板后处理中常用到的工具有哪些？

答：砂纸、喷枪、什锦锉、磨光机、手钻等。

8. 喷涂的颜色应该如何确定？

答：在 CMF 图示文件中会标注产品表面的 PANTONE 色号，在调漆时根据 PANTONE 色号与参考的颜色比例进行确定。

9. 调漆的步骤有哪些？

答：首先按比例放置油漆，然后将稀释液放入油漆中进行稀释，将调制好的油漆刷在纸面上与 PANTONE 色卡进行对比，确认无误后再装入喷枪，试喷在色板上，再次确认后，完成喷涂。

10. 丝网印刷的步骤有哪些？

答：将产品固定在丝网印工作台上，将网版放置在产品要印刷的表面上，用刷子蘸油漆快速刷过，取下产品。

（二）模型制作评分标准

见表 5-1。

表 5-1　复杂组合模型设计、制作与表面处理评分标准

序号	项目	内容描述与要求	配分	得分
1	模型制作	复杂组合模型加工文件整理、前期分析与拆图	30	
		复杂组合模型后期手工处理、喷涂与丝印	30	
2	技术总结	加工流程记录完整	20	
		加工要求记录详尽、规范		
		加工照片与素材清晰、标准		
3	职业态度	学习过程态度端正、工作规范、工作环境整洁	20	
		学习过程出勤率高，按时完成作业		
4	总得分			

多种材质组合模型设计与制作——调味瓶手板模型制作

一、项目介绍

本项目重点介绍调味瓶的外观手板模型（图6-1、图6-2）制作要领以及加工注意事项。本项目作为手板模型制作的第五个项目，与之前四个项目相比，除了之前接触过的 ABS 材质外，增添了亚克力材质的制作与软硅胶件的制作。完成本项目的学习后，学习者应能够理解手板模型的加工流程与方法，掌握 PANTONE 色卡的使用方法、多种材质模型的加工要求、模型的分析拆分要点、亚克力材质后期表面处理、硅胶件真空复模技术等。

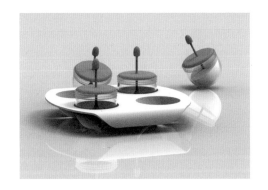

图 6-1　调味瓶效果图

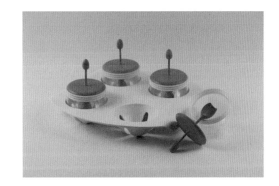

图 6-2　调味瓶模型图

二、学习目标

1）理解手板模型的加工制作流程。

2）掌握手板模型中由不同材质部件组成的产品的加工文件整理要领和要求。

3）学会查询 PANTONE 色卡并进行多种材质的 CMF 图示文件制作。

4）理解多部件产品的拆图要领与制作方法。

5) 理解 CNC 编程与加工的原理与流程。

6) 掌握 ABS 与亚克力材质曲面形态模型的手工表面处理方法。

7) 掌握真空复模硅胶件的制作方法。

8) 掌握喷涂加工的技术与方法。

三、项目学习流程

调味瓶手板模型制作流程如图 6-3 所示。

加工文件整理

前期分析与拆图

CNC编程与加工

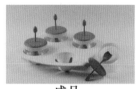

成品

喷涂与组装

后期表面处理与复模

图 6-3　调味瓶手板模型制作流程

四、项目学习步骤

（一）加工文件整理

本项目中，调味瓶手板模型由四个不同的部分组成，分别是调味瓶底座、带勺调味瓶盖、调味瓶身和转动件。在 Rhino 文件中需要根据功能将文件组合成实体件（图 6-4）。

本项目的 CMF 图示文件可用调味瓶效果图进行标注（图 6-5）。调味瓶共涉及三种材质，分别是 ABS 塑料、亚克力和硅胶。其中调味瓶底座、带勺调味瓶盖为 ABS 材质，调味瓶身为亚克力材质，转动件为硅胶材质。调味瓶底座的亮面白色和带勺调味瓶盖的亮面橙色需要查 PANTONE 色卡确定颜色代码，将这些要求标注在图示文件上。

需要注意的是，转动件为硅胶材质，需要先用 ABS 塑料加工出原型，再由真空复模机完成制作。

06.1　调味瓶加工文件整理

06.2　使用 Adobe Illustrator 制作调味瓶 CMF 文件

产品设计手板模型制作案例解析

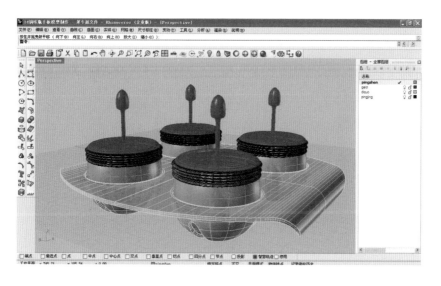

图 6-4 调味瓶 Rhino 文件

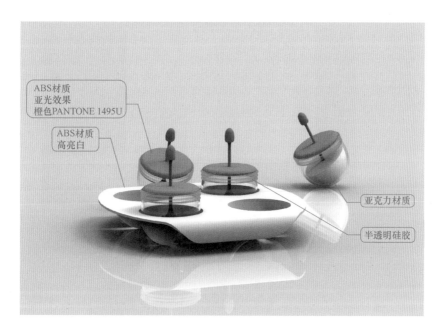

ABS材质
亚光效果
橙色PANTONE 1495U

ABS材质
高亮白

亚克力材质

半透明硅胶

图 6-5 调味瓶 CMF 图示文件

(二) 前期分析与拆图

步骤 1：将调味瓶 Rhino 文件转存成 STEP 通用工程格式文件（图 6-6）。

步骤 2：在 Creo 中将转存好的文件打开（图 6-7）。

步骤 3：在新建窗口中打开带勺调味瓶盖部件（图 6-8）。

06.3 使用
Creo进行调味
瓶3D图档的分
析与拆图工作

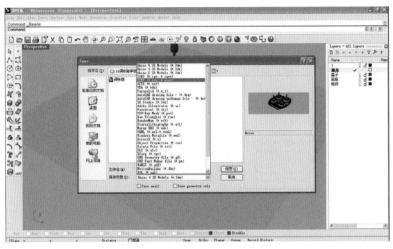

图 6-6　步骤 1

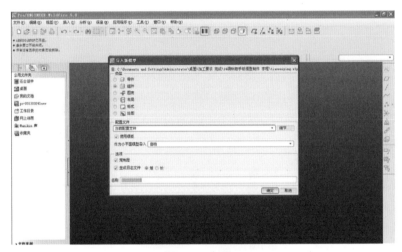

图 6-7　步骤 2

图 6-8　步骤 3

步骤4：将瓶盖模型与勺子模型拆分开（图6-9）。

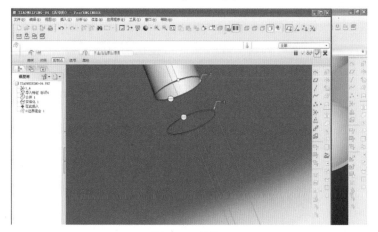

图6-9　步骤4

步骤5：保存瓶盖部件（图6-10）。

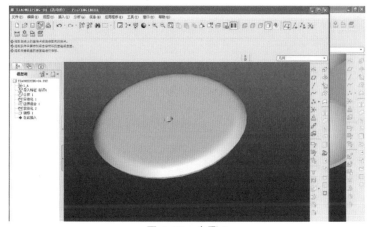

图6-10　步骤5

步骤6：保存勺子部件（图6-11）。

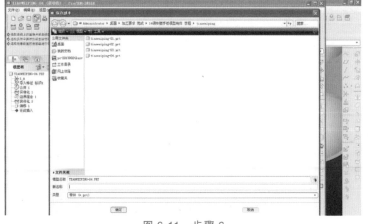

图6-11　步骤6

步骤 7：在新建窗口中打开转动件部件（图 6-12）。

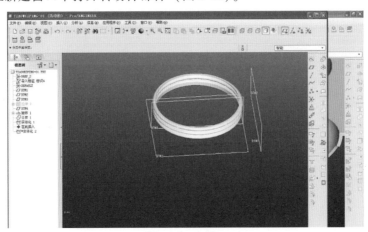

图 6-12　步骤 7

步骤 8：使用移除材料方式拆分转动件模型（图 6-13）。

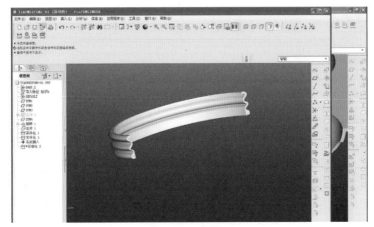

图 6-13　步骤 8

步骤 9：保存拆分件部件（图 6-14）。

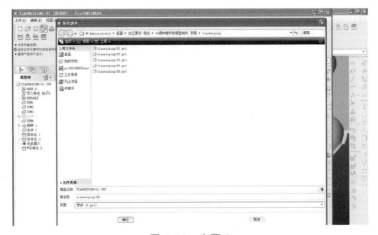

图 6-14　步骤 9

步骤 10：在新建窗口中打开调味瓶身部件（图 6-15）。

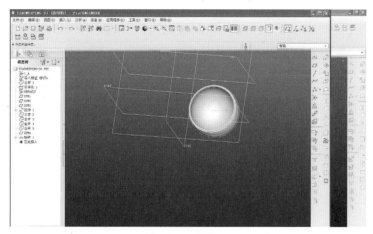

图 6-15　步骤 10

步骤 11：使用移除材料方式拆分调味瓶身模型（图 6-16）。

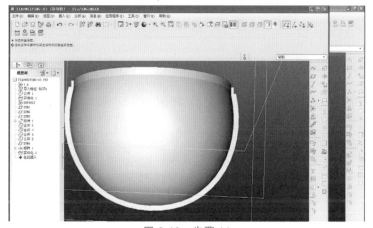

图 6-16　步骤 11

步骤 12：保存调味瓶身拆分件部件（图 6-17）。

图 6-17　步骤 12

步骤13：在新建窗口中打开调味瓶底座部件（图6-18）。

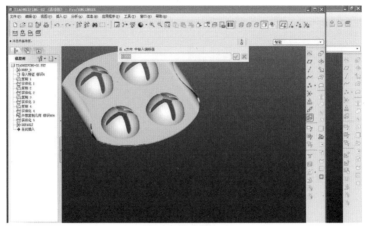

图6-18　步骤13

步骤14：使用拉伸工具用移除材料方式拆分调味瓶底座模型（图6-19）。

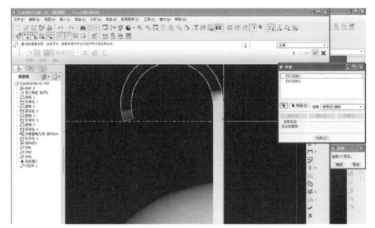

图6-19　步骤14

步骤15：保存调味瓶底座拆分件部件（图6-20）。

图6-20　步骤15

步骤 16：在组件中组装好各个拆分好的部件（图 6-21）。

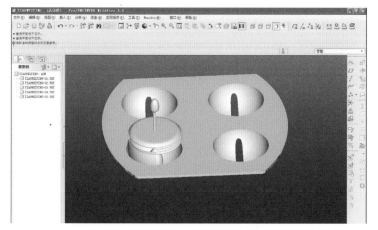

图 6-21　步骤 16

步骤 17：打开保存的勺子部件（图 6-22）。

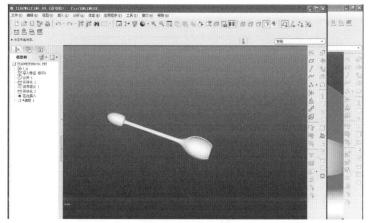

图 6-22　步骤 17

步骤 18：使用拉伸工具用移除材料方式拆分勺子模型（图 6-23）。

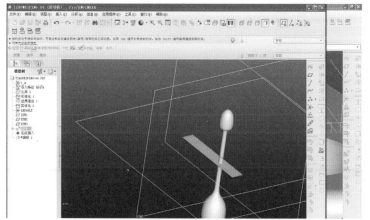

图 6-23　步骤 18

步骤 19：保存勺子拆分部件（图 6-24）。

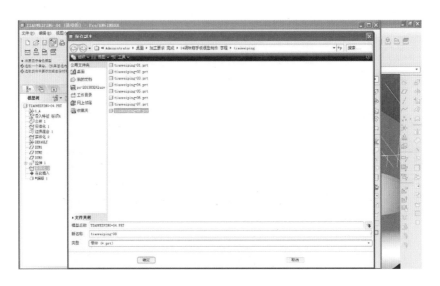

图 6-24　步骤 19

步骤 20：将各个部件进行颜色区分并保存（图 6-25）。

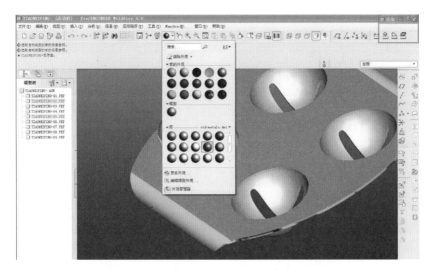

图 6-25　步骤 20

（三）CNC 编程与加工

1. CNC 编程

步骤 1：将拆分好的调味瓶转动件的 Creo 文件转存成 Mastercam 可以识别的 IGES 文件（图 6-26）。

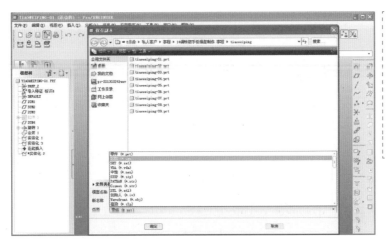

06.4 使用
Mastercam编
写调味瓶转动
拆分件正面
CNC加工程序

图 6-26　步骤 1

步骤 2：将调味瓶转动件移动至同一平面（图 6-27）。

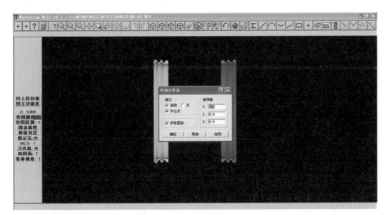

图 6-27　步骤 2

步骤 3：添加加工材料毛坯尺寸并制作定位基准（图 6-28）。

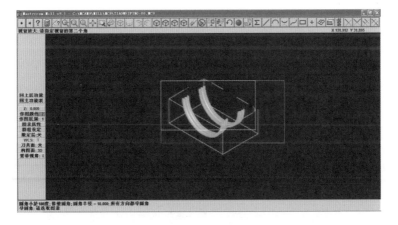

图 6-28　步骤 3

步骤 4：拾取边界路径并修正路径（图 6-29）。

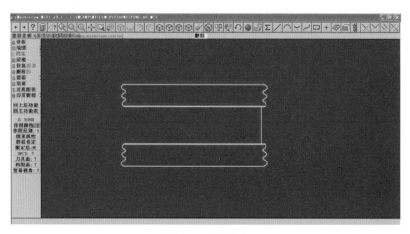

图 6-29　步骤 4

步骤 5：将路径偏移出开粗路径和精修路径（图 6-30）。

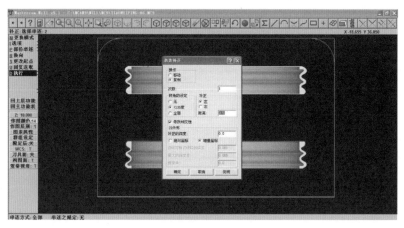

图 6-30　步骤 5

步骤 6：制作分模面（图 6-31）。

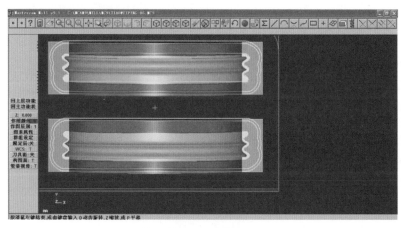

图 6-31　步骤 6

步骤7：编写开粗路径并定位刀路（图6-32）。

图6-32　步骤7

步骤8：编写精修刀路（图6-33）。

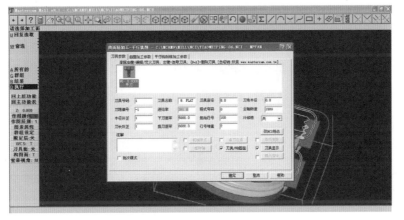

图6-33　步骤8

步骤9：编写外形铣边刀路（图6-34）。

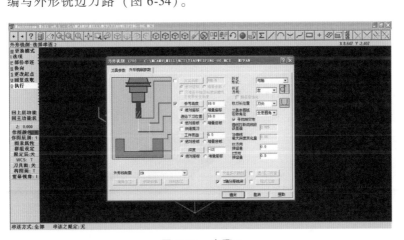

图6-34　步骤9

步骤 10：模拟计算刀路（图 6-35）。

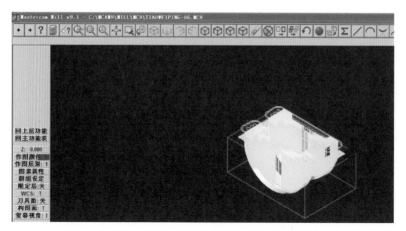

图 6-35　步骤 10

步骤 11：实体切削验证，检查是否有过切（图 6-36）。

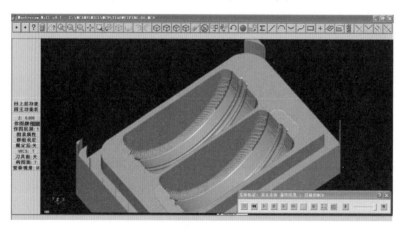

图 6-36　步骤 11

步骤 12：选取中心点，旋转部件（图 6-37）。

图 6-37　步骤 12

06.5　使用
Mastercam编
写调味瓶转动
拆分件反面
CNC加工程序

产品设计手板模型制作案例解析

步骤 13：调整编写刀路（图 6-38）。

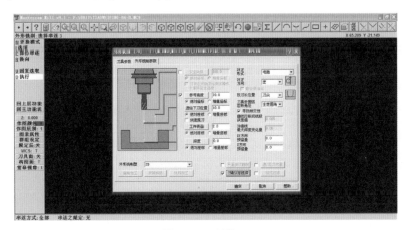

图 6-38　步骤 13

步骤 14：模拟计算刀路（图 6-39）。

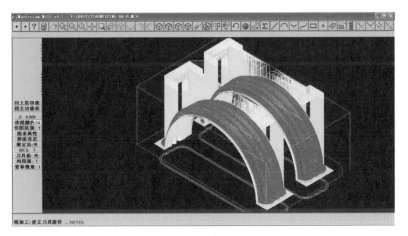

图 6-39　步骤 14

步骤 15：实体切削验证，检查是否有过切（图 6-40）。

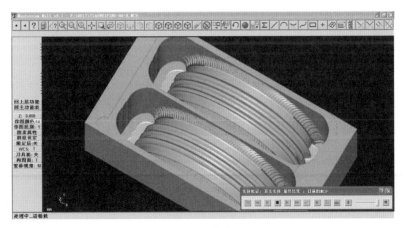

图 6-40　步骤 15

步骤 16：保存编写好的文件（图 6-41）。

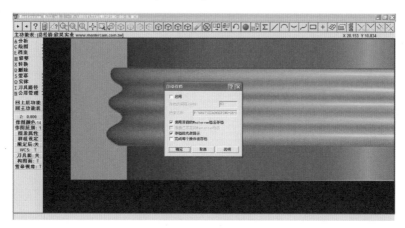

图 6-41　步骤 16

步骤 17：在 Mastercam 中打开调味瓶底座的 IGES 文件（图 6-42）。

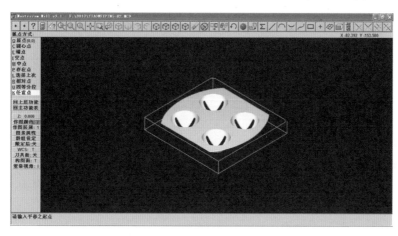

06.6　使用
Mastercam 编
写调味瓶底座
拆分件正面
CNC 加工程序

图 6-42　步骤 17

步骤 18：制作分模面（图 6-43）。

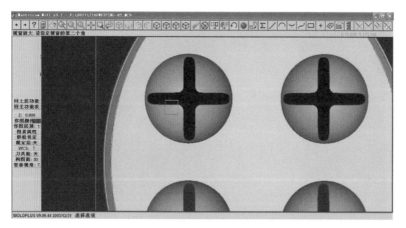

图 6-43　步骤 18

步骤 19：编写刀路（图 6-44）。

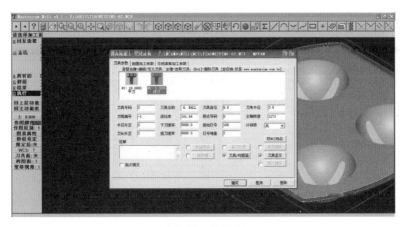

图 6-44　步骤 19

步骤 20：模拟计算刀路（图 6-45）。

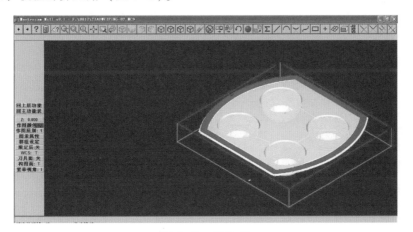

图 6-45　步骤 20

步骤 21：实体切削验证，检查是否有过切（图 6-46）。

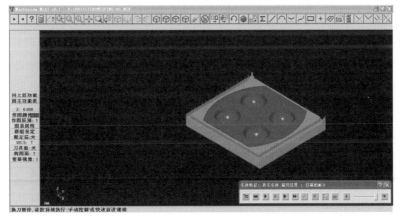

图 6-46　步骤 21

步骤 22：选取中心点，旋转部件（图 6-47）。

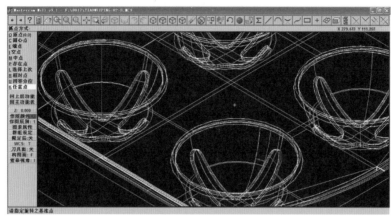

06.7 使用
Mastercam编
写调味瓶底座
拆分件反面
CNC加工程序

图 6-47　步骤 22

步骤 23：串连刀路（图 6-48）。

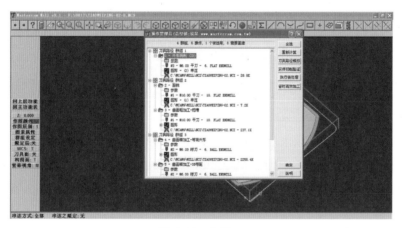

图 6-48　步骤 23

步骤 24：调整编写刀路（图 6-49）。

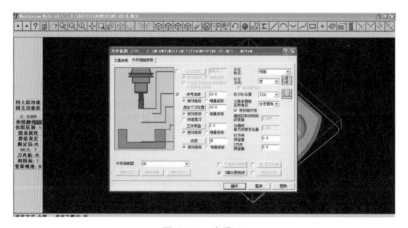

图 6-49　步骤 24

产品设计手板模型制作案例解析

步骤 25：实体切削验证，检查是否有过切，保存编写好的文件（图 6-50）。

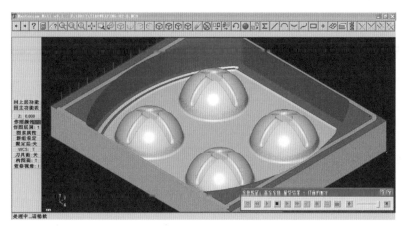

图 6-50　步骤 25

步骤 26：在 Mastercam 中打开瓶身的 IGES 文件（图 6-51）。

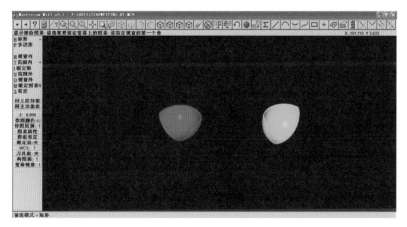

图 6-51　步骤 26

步骤 27：编写刀路（图 6-52）。

图 6-52　步骤 27

06.8　使用
Mastercam编
写调味瓶瓶体
拆分件CNC
加工程序

步骤28：选取中心点，旋转部件（图6-53）。

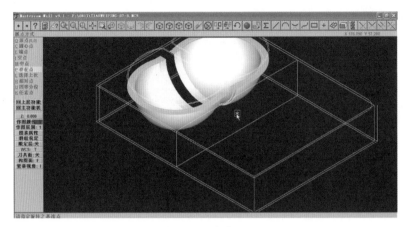

图6-53　步骤28

步骤29：编写刀路（图6-54）。

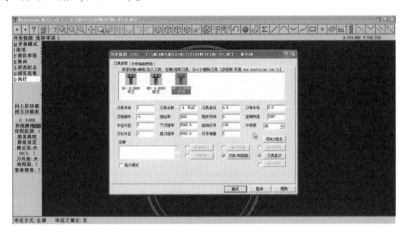

图6-54　步骤29

步骤30：实体切削验证，检查是否有过切，保存编写好的文件（图6-55）。

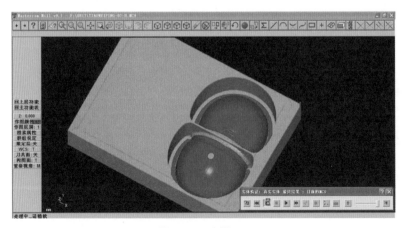

图6-55　步骤30

步骤 31：在 Mastercam 中打开勺子的 IGES 文件（图 6-56）。

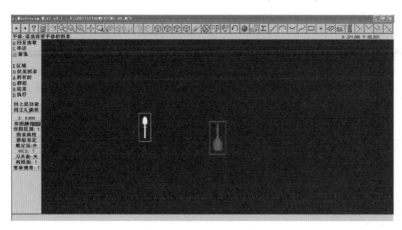

06.9 使用 Mastercam编 写调味瓶勺子 拆分件CNC 加工程序

图 6-56 步骤 31

步骤 32：编写刀路（图 6-57）。

图 6-57 步骤 32

步骤 33：保存编写好的文件（图 6-58）。

图 6-58 步骤 33

步骤34：在Mastercam中瓶盖的IGES文件（图6-59）。

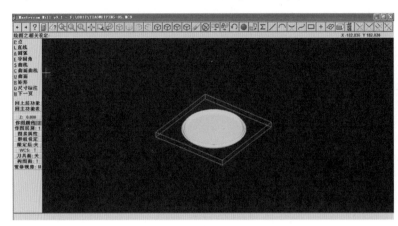

06.10 使用
Mastercam编
写调味瓶盖子
拆分件CNC
加工程序

图 6-59　步骤34

步骤35：编写刀路（图6-60）。

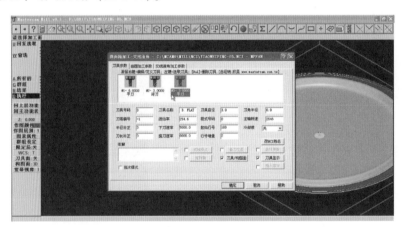

图 6-60　步骤35

步骤36：保存编写好的文件（图6-61）。

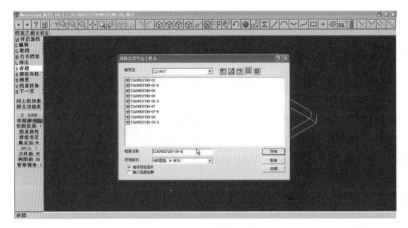

图 6-61　步骤36

步骤 37：在 Mastercam 中打开底座把手拆分件的 IGES 文件（图 6-62）。

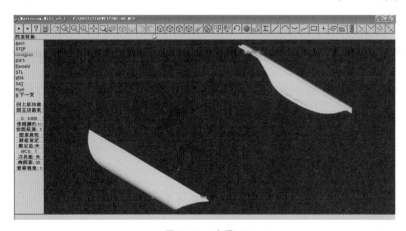

06.11 使用 Mastercam编写调味瓶底座握柄拆分件CNC加工程序

图 6-62　步骤 37

步骤 38：编写刀路（图 6-63）。

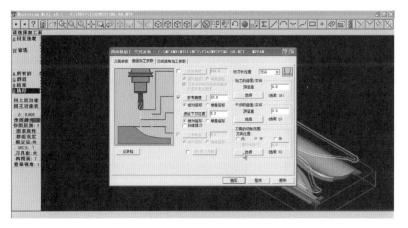

图 6-63　步骤 38

步骤 39：保存编写好的文件（图 6-64）。

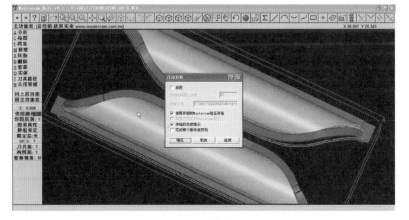

图 6-64　步骤 39

2. CNC 加工

步骤 1：用 502 胶将底盘加工板材固定在加工台面上（图 6-65）。

步骤 2：安装开粗刀具，Z 轴定位，进行开粗加工（图 6-66）。

06.12 使用
CNC加工中
心进行调味瓶
底座拆分
件加工

图 6-65 步骤 1

图 6-66 步骤 2

步骤 3：将开粗刀具更换成精修刀具（图 6-67）。

步骤 4：Z 轴定位，进行精修加工（图 6-68）。

图 6-67 步骤 3

图 6-68 步骤 4

步骤 5：正面加工完成，取下加工件（图 6-69）。

步骤 6：在 CNC 加工台面上钻出定位孔（图 6-70）。

图 6-69 步骤 5

图 6-70 步骤 6

步骤 7：粘贴定位 ABS 卡片位线（图 6-71）。

步骤 8：在加工件加工的一面浇注石膏（图 6-72）。

步骤 9：将加工件固定在加工台面（图 6-73）。

图 6-71　步骤 7

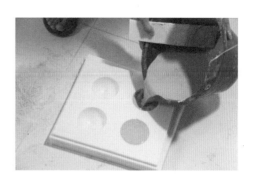

图 6-72　步骤 8

步骤 10：安装刀具，Z 轴定位（图 6-74）。

图 6-73　步骤 9

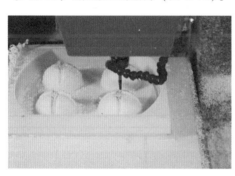

图 6-74　步骤 10

步骤 11：进行加工（图 6-75）。
步骤 12：底盘加工完成（图 6-76）。

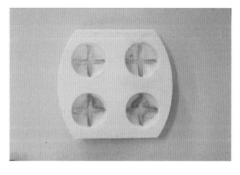

图 6-75　步骤 11

图 6-76　步骤 12

步骤 13：根据瓶盖的加工要求切割 ABS 板材（图 6-77）。
步骤 14：进行加工（图 6-78）。
步骤 15：正面加工完成（图 6-79）。
步骤 16：在加工件加工的一面浇注石膏（图 6-80）。
步骤 17：将加工件固定在加工台面上（图 6-81）。
步骤 18：进行背面加工（图 6-82）。

06.13 使用
CNC加工中
心进行调味瓶
底座握柄与盖
子拆分件加工

图 6-77　步骤 13 　　　　　　　　　图 6-78　步骤 14

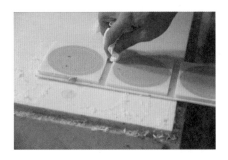

图 6-79　步骤 15 　　　　　　　　　图 6-80　步骤 16

图 6-81　步骤 17 　　　　　　　　　图 6-82　步骤 18

步骤 19：取下加工件（图 6-83）。
步骤 20：瓶盖加工完成（图 6-84）。

图 6-83　步骤 19 　　　　　　　　　图 6-84　步骤 20

产品设计手板模型制作案例解析

步骤 21：切割把手和勺子的板材并进行加工（图 6-85）。
步骤 22：取下加工件（图 6-86）。

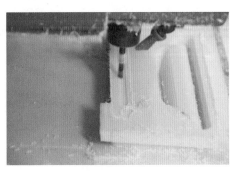

图 6-85　步骤 21

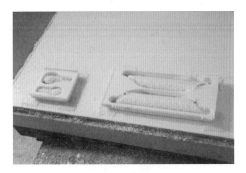

图 6-86　步骤 22

步骤 23：在加工件加工的一面浇注石膏（图 6-87）。
步骤 24：进行背面加工（图 6-88）。

图 6-87　步骤 23

图 6-88　步骤 24

步骤 25：取下加工件（图 6-89）。
步骤 26：把手和勺子加工完成（图 6-90）。

图 6-89　步骤 25

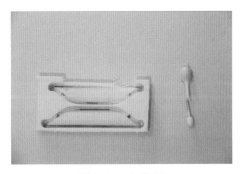

图 6-90　步骤 26

步骤 27：完成剩余勺子的加工（图 6-91）。
步骤 28：将瓶体亚克力加工板材固定（图 6-92）。
步骤 29：安装开粗刀具，在加工台面上进行开粗加工（图 6-93）。
步骤 30：将开粗刀具更换成精修刀具，进行精修加工（图 6-94）。

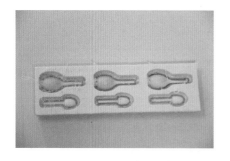

图 6-91　步骤 27

图 6-92　步骤 28

06.14　使用CNC加工中心进行调味瓶底座转动拆分件加工

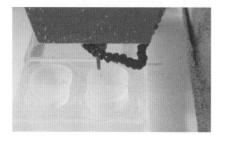

图 6-93　步骤 29

图 6-94　步骤 30

06.15　使用CNC加工中心进行调味瓶瓶体拆分件加工

步骤 31：取下加工件（图 6-95）。

步骤 32：在加工件加工的一面浇注石膏（图 6-96）。

图 6-95　步骤 31

图 6-96　步骤 32

步骤 33：将加工件固定在加工台面（图 6-97）。

步骤 34：安装开粗刀具，进行开粗加工（图 6-98）。

图 6-97　步骤 33

图 6-98　步骤 34

步骤 35：将开粗刀具更换成精修刀具，进行精修加工（图 6-99）。

步骤 36：取下瓶体加工件，瓶体加工完成（图 6-100）。

图 6-99　步骤 35

图 6-100　步骤 36

（四）后期表面处理与覆膜

1. 后期表面处理

步骤 1：清洗调味瓶底座（图 6-101）。

步骤 2：用 502 胶蘸牙粉进行底座边缘修补（图 6-102）。

06.16　使用砂纸和刮刀进行调味瓶底座加工件后期手工修正与组装工作

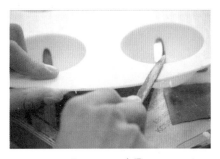

图 6-101　步骤 1

图 6-102　步骤 2

步骤 3：用铲刀修整修补过的边缘（图 6-103）。

步骤 4：修正边缘整体打磨（图 6-104）。

图 6-103　步骤 3

图 6-104　步骤 4

步骤 5：清洗打磨手柄（图 6-105）。

步骤 6：用 502 胶将手柄和底盘组装好（图 6-106）。

图 6-105　步骤 5

图 6-106　步骤 6

步骤 7：修整，修补（图 6-107）。

步骤 8：喷涂底灰（图 6-108）。

图 6-107　步骤 7

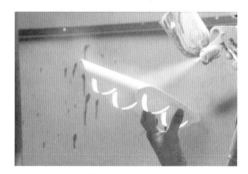

图 6-108　步骤 8

步骤 9：整体打磨（图 6-109）。

步骤 10：用腻子进行修补（图 6-110）。

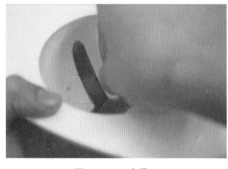

图 6-109　步骤 9

图 6-110　步骤 10

步骤 11：用 600 号砂纸蘸水打磨（图 6-111）。

步骤 12：底盘表面处理完成（图 6-112）。

步骤 13：瓶盖和勺子表面处理（图 6-113）。

步骤 14：去除亚克力材质调味瓶瓶身的加工毛刺（图 6-114）。

步骤 15：用 502 胶将瓶身组装到一起（图 6-115）。

步骤 16：进行喷漆打磨（图 6-116）。

图 6-111　步骤 11

图 6-112　步骤 12

图 6-113　步骤 13

图 6-114　步骤 14

06.17　使用砂纸和刮刀进行调味瓶瓶体与瓶盖加工件后期手工修正与组装工作

图 6-115　步骤 15

图 6-116　步骤 16

06.18　调味瓶转动件拆分件手工修正与组装

步骤 17：用 1500 号的砂纸进行整体打磨（图 6-117）。

步骤 18：清洗，吹干（图 6-118）。

图 6-117　步骤 17

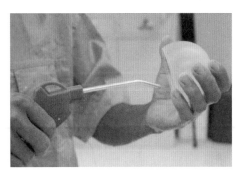

图 6-118　步骤 18

步骤 19：用 3M 液对瓶身进行抛光打磨，打磨直至呈现透明（图 6-119）。

步骤 20：亚克力瓶身制作完成（图 6-120）。

图 6-119　步骤 19　　　　　　　　　　图 6-120　步骤 20

2. 复模

步骤 1：去除转动件 CNC 加工后残留的毛刺（图 6-121）。

步骤 2：用 502 胶将转动件的原型件组装在一起（图 6-122）。

图 6-121　步骤 1　　　　　　　　　　图 6-122　步骤 2

步骤 3：用砂纸和铲刀修整转动件的接缝（图 6-123）。

步骤 4：根据原型结构，在容易分模的位置贴胶带预制分模边（图 6-124）。

06.19　调味瓶
转动件复模
工艺

图 6-123　步骤 3　　　　　　　　　　图 6-124　步骤 4

步骤 5：用记号笔画出分模标记（图 6-125）。

步骤 6：把原型固定在根据原型尺寸预制好的底板上（图 6-126）。

产品设计手板模型制作案例解析

图 6-125　步骤 5

图 6-126　步骤 6

步骤 7：制作浇注模具的盒子（图 6-127）。

步骤 8：用胶带将接缝处粘贴好（图 6-128）。

图 6-127　步骤 7

图 6-128　步骤 8

步骤 9：测量尺寸（图 6-129）。

步骤 10：根据测量出的尺寸计算出硅胶的用量，用电子称称量相应量的硅胶（图 6-130）。

图 6-129　步骤 9

图 6-130　步骤 10

步骤 11：按比例在硅胶中加入固化剂，在常温下搅拌均匀（图 6-131）。

步骤 12：将搅拌好的硅胶放入真空机内抽真空（图 6-132）。

步骤 13：把已脱泡的硅胶倒入盒子里，直至完全覆盖转动件的原型件（图 6-133）。

步骤 14：放入真空机内抽真空直至硅胶内没有气泡（图 6-134）。

步骤 15：放入烤箱加温到 70~80℃，固化 2~4h 后取出（图 6-135）。

步骤 16：沿分模方向用手术刀在模具表层切出锯齿形分模边（图 6-136）。

图 6-131　步骤 11

图 6-132　步骤 12

图 6-133　步骤 13

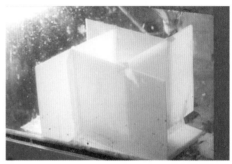

图 6-134　步骤 14

图 6-135　步骤 15

图 6-136　步骤 16

步骤 17：以原型件上用胶带贴出的分模边为基准开模（图 6-137）。

步骤 18：硅胶模具沿预制的分模边分开，形成上、下两模（图 6-138）。

图 6-137　步骤 17

图 6-138　步骤 18

步骤19：取出原型件形成模腔（图6-139）。

步骤20：用手术刀清理浇注口（图6-140）。

图6-139　步骤19

图6-140　步骤20

步骤21：将模具放入烤箱加热20~30min（图6-141）。

步骤22：在上、下模具上喷涂脱模剂（图6-142）。

图6-141　步骤21

图6-142　步骤22

步骤23：用胶带将上、下模具封好（图6-143）。

步骤24：在浇注口上插入适合的浇注嘴和进料管后放入真空机（图6-144）。

图6-143　步骤23

图6-144　步骤24

步骤25：根据样件大小调配原料（图6-145）。

步骤26：关紧密封舱盖，抽真空16~20min后在真空状态下将原料搅拌均匀（图6-146）。

图 6-145　步骤 25

图 6-146　步骤 26

步骤 27：浇入模具（图 6-147）。

步骤 28：把模具放到烤箱内，加温到 70~80℃，固化 1~2h 后取出（图 6-148）。

图 6-147　步骤 27

图 6-148　步骤 28

步骤 29：待模具冷却后，去除胶带，开模取出新浇注的硅胶转动件（图 6-149）。

步骤 30：用手术刀和砂纸修正硅胶转动件（图 6-150）。

图 6-149　步骤 29

图 6-150　步骤 30

步骤 31：硅胶转动件制作完成（图 6-151）。

（五）喷涂与组装

步骤 1：根据色卡进行调漆，将调好的油漆与色卡进行对比（图 6-152）。

步骤 2：喷涂瓶盖的油漆（图 6-153）。

步骤 3：喷涂勺子的油漆（图 6-154）。

图 6-151　步骤 31

图 6-152　步骤 1

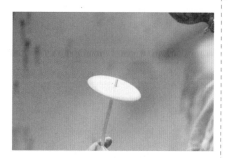

图 6-153　步骤 2

06.20　借助 PANTONE 色卡调漆喷涂表面处理效果并组装调味瓶

步骤 4：用 1200 号砂纸，整体轻轻打磨（图 6-155）。

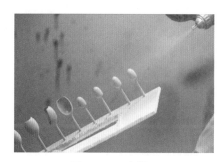

图 6-154　步骤 3

图 6-155　步骤 4

步骤 5：喷涂白色底盘的油漆（图 6-156）。

步骤 6：喷涂底盘光油（图 6-157）。

图 6-156　步骤 5

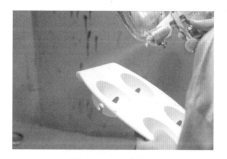

图 6-157　步骤 6

步骤 7：用 502 胶将转动件与瓶身组装到一起（图 6-158）。

步骤 8：用 502 胶将勺子与瓶盖组装到一起（图 6-159）。

步骤 9：进行调味瓶的最终组装（图 6-160）。

步骤 10：调味瓶手板模型制作完成（图 6-161）。

（六）成品展示

调味瓶手板模型制作效果如图 6-162 所示。

图 6-158　步骤 7

图 6-159　步骤 8

图 6-160　步骤 9

图 6-161　步骤 10

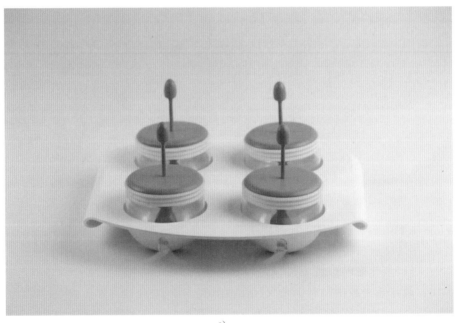

a)

图 6-162　调味瓶手板模型

产

品

设

计

手

板

模

型

制

作

案

例

解

析

166

b)   c)

d)   e)

图 6-162　调味瓶手板模型（续）

五、考核与评分标准

（一）学习效果自测

1. 调味瓶手板模型共涉及几种材料？分别是什么？

答：涉及三种材料，分别是 ABS、亚克力和硅胶。

2. 转动件是什么材质？如何加工处理？

答：转动件为硅胶材质，需要先用 ABS 塑料加工一个模板，再由真空复模机完成制作。

3. 拆分部件时需要注意的事项有哪些？

答：不要在产品的受力部分进行拆分；不要影响到后期的外观效果；拆分好的部件间应该有装卡结构，以保证后续拼接。

4. 手板行业常用的数控编程软件是什么？

答：Mastercam。

5. 手板模型数控加工的步骤是什么？

答：根据加工要求下料，用 502 胶将原料固定在加工平台上。对刀确定圆心，先尝试加工，再正式加工，有必要的话可换刀具以保证加工精度。从加工平台上取下半成品，用石膏浇注加工过的部分，凝固后换反面继续加工。加工完后拆下部件，清洗干净后加工结束。

6. CNC 加工过后的部件为什么需要修正与打磨？

答：因为 CNC 加工之后，部件表面会留下加工的刀路痕迹，加工中也难免会出现加工不到位的地方，这个时候就需要用手工方式继续修正与打磨。

7. 打磨的具体技术要求有什么？

答：打磨中需要用到不同规格的砂纸，先用颗粒比较大的砂纸进行初步打磨，再用颗粒比较小的砂纸进行精细打磨。砂纸标号数字越大，其颗粒越细。最后打磨时，可以在部件表面喷涂一层底灰，以将底灰刚刚打磨掉为标准来保证打磨的均匀程度。

8. 复模的制作工艺是怎样的？

答：制作原型件，将原型件固定在准备好的浇注模具的盒子里，按比例加入硅胶并放在真空机中，抽真空后放置在烤箱里固化。用手术刀切出分模线，形成上下模，取出原型件后形成模具。调制硅胶并在真空机里注入模具，将模具放入烤箱固化，取出产品，加工完成。

9. 喷涂颜色时的注意事项有哪些？

答：首先注意喷枪与模型间的距离，根据喷涂表面处理的要求（亚光、亮光、磨砂）调整喷漆与喷气的比例，以及喷枪与模型间的距离。喷涂时要少量多次。

10. 高清烤漆获得高亮效果的喷涂方法是什么？

答：最好的处理方式是调质光，在喷涂完成后，喷涂一层光油。

（二）模型制作评分标准

见表 6-1。

表 6-1　多种材质组合模型设计与制作评分标准

序号	项目	内容描述与要求	配分	得分
1	模型制作	多种材质组合模型加工文件整理、前期分析与拆图	30	
		多种材质组合模型手工处理与喷涂制作	30	
2	技术总结	加工流程记录完整	20	
		加工要求记录详尽、规范		
		加工照片与素材清晰、标准		
3	职业态度	学习过程态度端正、工作规范、工作环境整洁	20	
		学习过程出勤率高，按时完成作业		
4	总得分			

第七章

综合模型设计与制作——
笔记本电脑手板模型制作

一、项目介绍

　　本项目作为本书的最后一个项目，所要介绍的手板模型具有更加复杂的部件和结构（图 7-1、图 7-2）。完成本项目的学习后，学习者应能够综合运用手板模型加工流程与方法，掌握丝网印刷文件的制作、复杂结构部件模型的拆分要领、有旋转机构部件的模型后期处理要求、ABS 与亚克力材质部件的表面处理方法等。

图 7-1　笔记本电脑效果图

图 7-2　笔记本电脑模型图

二、学习目标

1）理解手板模型的加工制作流程。

2）掌握手板模型中由不同材质部件组成的产品的加工文件整理要领和要求。

3）学会查询 PANTONE 色卡并进行多种材质的 CMF 图示文件制作。

4）掌握丝网印刷文件的制作要求。

5）理解具有复杂部件与结构产品的拆图要领与制作方法。

6）理解 CNC 编程与加工的原理与流程。

7）掌握 ABS 与亚克力材质模型的手工表面处理方法。

8) 掌握喷涂加工的技术与方法。

9) 理解丝网印刷的技术要求与规范。

三、项目学习流程

笔记本电脑手板模型制作流程如图 7-3 所示。

 >>>  >>>

加工文件整理　　　　　　　前期分析与拆图　　　　　CNC编程与加工

 <<<  <<<

成品　　　　　　　喷涂丝印与组装　　　　　后期表面处理

图 7-3　笔记本电脑手板模型制作流程

四、项目学习步骤

（一）加工文件整理

本项目中，笔记本电脑手板模型由十个不同的部分组成，分别是底座、上盖、屏幕、摄像头、全键盘、开关键、大旋钮、侧面结构面板、散热面板和转轴。在 Rhino 文件中需要根据功能将文件组合成多个实体件（图 7-4）。

本项目的 CMF 图示文件可用两张笔记本电脑的效果图进行标注。笔记本电脑外壳为 ABS 材料白色钢琴烤漆效果。摄像头、屏幕由亚克力材料制作，背面喷涂黑色仿黑色屏幕效果。开关键、大旋钮由亚克力材料和 ABS 材料混合组件制作，其中开关键为 ABS 材料白色钢琴烤漆效果加亚克力半透明蓝绿色按键，大旋钮由 ABS 材料白色钢琴烤漆效果加亚克力背喷黑色丝印文字效果。全键盘由 ABS 材料黑色亚光喷涂而成，正面丝印蓝绿色文字符号。黑色和蓝绿色要查 PANTONE 色卡确定颜色代码，并将这些要求标注在图示文件上（图 7-5）。大旋钮和全键盘部分有丝网印刷效果图案（图 7-6），所印图案需要在平面设计软件中按照 1:1 的比例绘制。

07.1 笔记本电脑加工文件整理

07.2 使用 AdobeIllustrator 制作笔记本电脑主体 CMF说明文件

07.3 使用 AdobeIllustrator 制作笔记本电脑细节 CMF说明文件

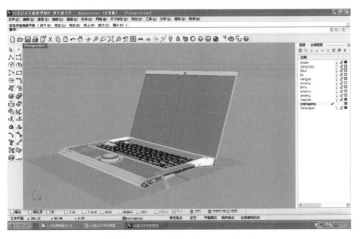

图 7-4　笔记本电脑 Rhino 文件

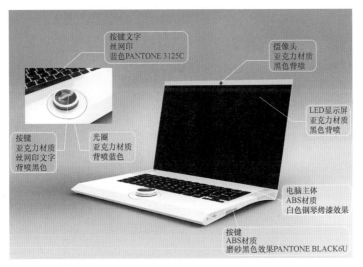

图 7-5　笔记本电脑 CMF 图示文件

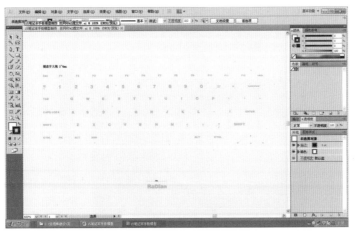

图 7-6　笔记本电脑丝网印刷源文件

（二） 前期分析与拆图

步骤 1：将笔记本电脑 Rhino 文件转存成 STEP 通用工程格式文件（图 7-7）。

07.4 使用
Creo拆分笔
记本电脑转
轴与旋钮

图 7-7 步骤 1

步骤 2：在 Creo 中将转存好的文件打开并检查是否有遗漏（图 7-8）。

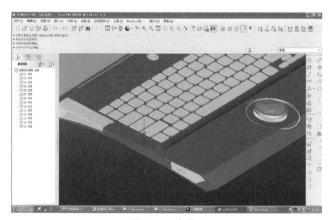

图 7-8 步骤 2

步骤 3：检查鼠标面板旋转按钮部件并保存（图 7-9）。

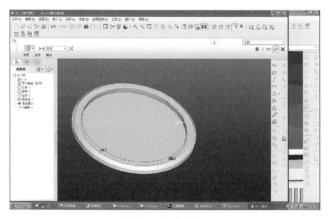

图 7-9 步骤 3

步骤 4：检查鼠标面板嵌件并保存（图 7-10）。

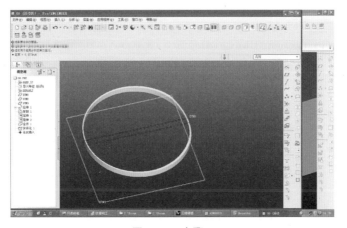

图 7-10　步骤 4

步骤 5：保存液晶屏幕组件（图 7-11）。

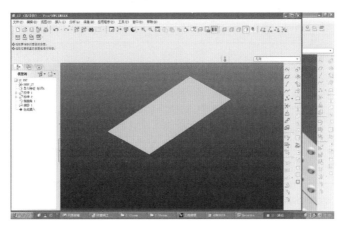

图 7-11　步骤 5

步骤 6：保存笔记本电脑上盖部件（图 7-12）。

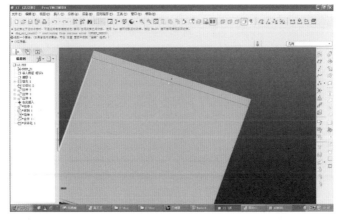

图 7-12　步骤 6

步骤 7：制作笔记本电脑转轴部分（图 7-13）。

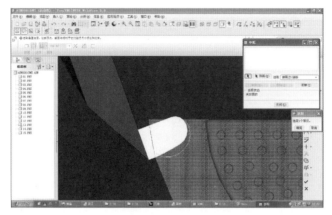

图 7-13　步骤 7

步骤 8：检测笔记本电脑转轴部分是否存在干涉（图 7-14）。

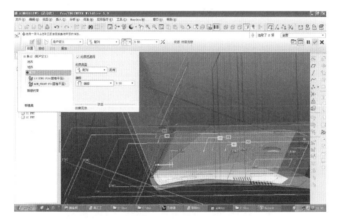

图 7-14　步骤 8

07.5　使用
Creo拆分笔
记本电脑转轴
干扰测试

步骤 9：拆分笔记本电脑底部面板转轴孔并保存拆分件（图 7-15）。

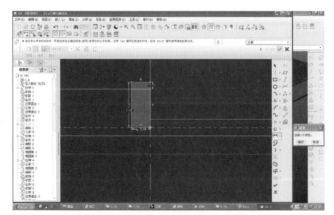

图 7-15　步骤 9

07.6　使用
Creo拆分笔
记本电脑散热
件与显示屏

步骤 10：拆分笔记本电脑底部面板侧面（图 7-16）。

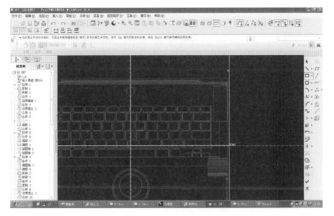

图 7-16　步骤 10

步骤 11：拆分笔记本电脑底部面板散热件并保存拆分件（图 7-17）。

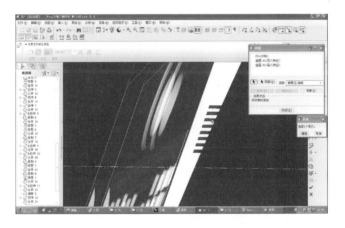

图 7-17　步骤 11

步骤 12：拆分笔记本电脑上盖转轴部分并保存拆分件（图 7-18）。

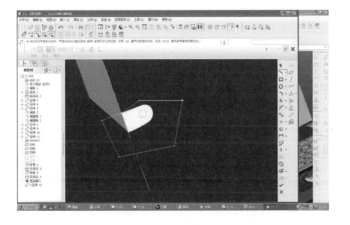

图 7-18　步骤 12

步骤 13：保存键盘按键（图 7-19）。

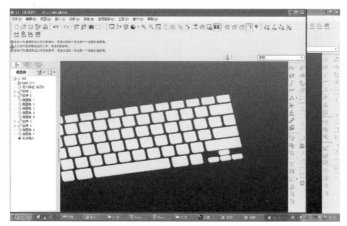

图 7-19　步骤 13

步骤 14：拆分笔记本电脑底部面板音箱件并保存拆分件（图 7-20）。

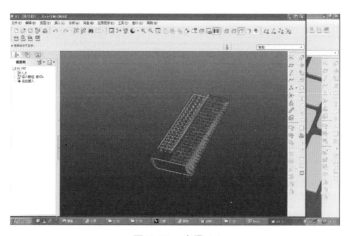

图 7-20　步骤 14

步骤 15：将拆分好的各个部件组装、检查并保存（图 7-21）。

图 7-21　步骤 15

（三）CNC 编程与加工

1. CNC 编程

步骤 1：将拆分好的底座 Creo 文件转存成 Mastercam 可以识别的 IGES 文件（图 7-22）。

图 7-22　步骤 1

步骤 2：在 Mastercam 中打开底座 IGES 文件（图 7-23）。

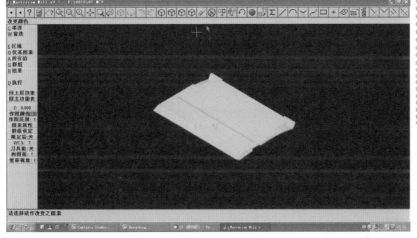

图 7-23　步骤 2

步骤 3：绘制加工材料毛坯尺寸（图 7-24）。

步骤 4：制作定位基准（图 7-25）。

步骤 5：拾取边界路径（图 7-26）。

步骤 6：修整路径（图 7-27）。

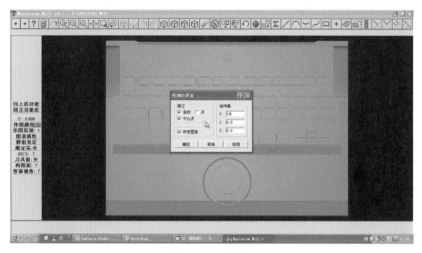

图 7-24　步骤 3

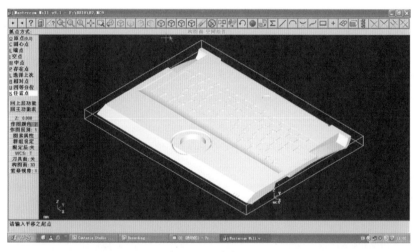

图 7-25　步骤 4

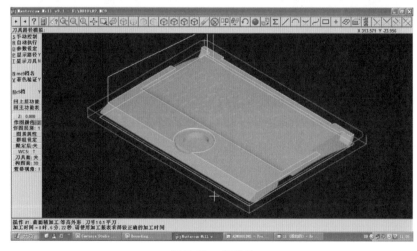

图 7-26　步骤 5

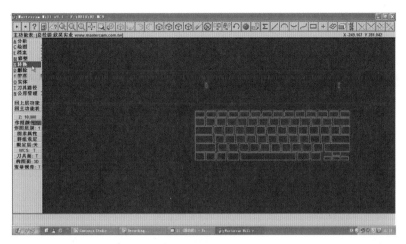

图 7-27　步骤 6

步骤 7：将路径偏移出开粗路径和精修路径（图 7-28）。

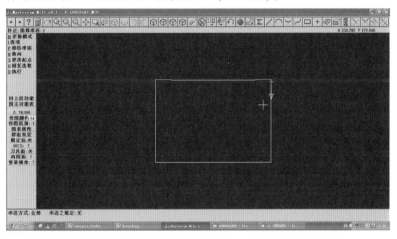

图 7-28　步骤 7

步骤 8：制作分模面（图 7-29）。

图 7-29　步骤 8

步骤9：拾取路径（图7-30）。

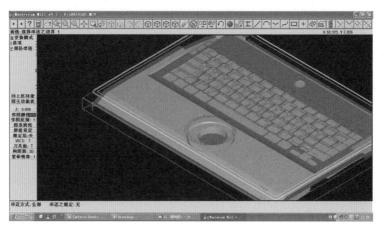

图 7-30 步骤 9

步骤10：编写开粗路径并定位刀路（图7-31）。

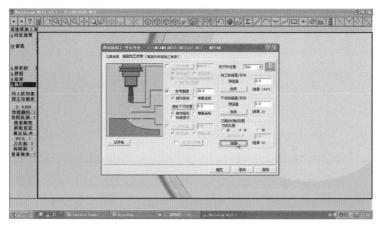

图 7-31 步骤 10

步骤11：编写精修刀路（图7-32）。

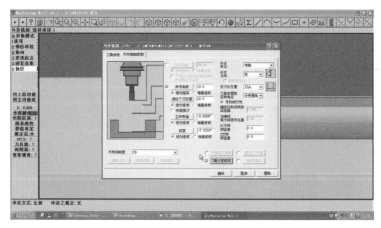

图 7-32 步骤 11

步骤 12：编写外形铣刀刀路（图 7-33）。

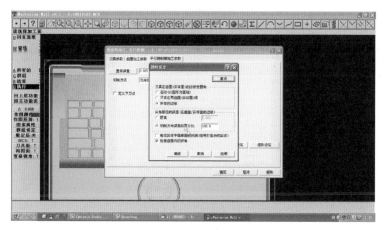

图 7-33　步骤 12

步骤 13：模拟计算刀路（图 7-34）。

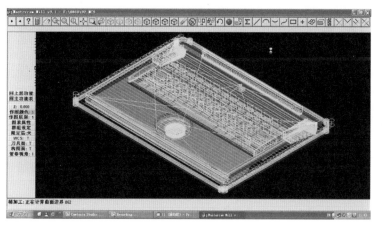

图 7-34　步骤 13

步骤 14：实体切削验证，检查是否有过切（图 7-35）。

图 7-35　步骤 14

步骤15：保存编写好的文件（图7-36）。

图 7-36　步骤 15

步骤16：选取中心点，旋转部件（图7-37）。

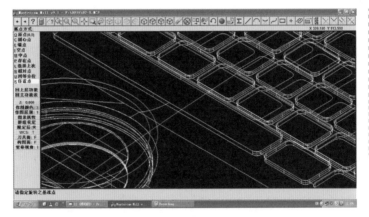

图 7-37　步骤 16

步骤17：串联刀路（图7-38）。

图 7-38　步骤 17

步骤18：调整编写刀路（图7-39）。

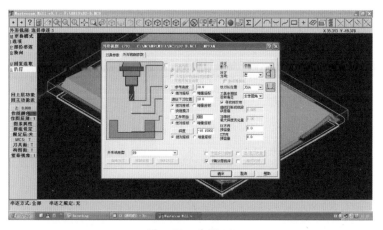

图 7-39　步骤 18

步骤 19：计算刀路（图 7-40）。

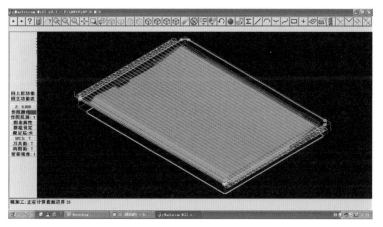

图 7-40　步骤 19

步骤 20：实体切削验证（图 7-41）。

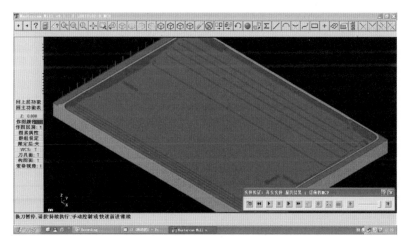

图 7-41　步骤 20

步骤 21：保存编写好的笔记本电脑底座加工文件（图 7-42）。

图 7-42　步骤 21

步骤 22：同样方法编写上盖部件加工刀路（图 7-43）。

图 7-43　步骤 22

07.11　使用 Mastercam编写 笔记本电脑上 盖与键盘CNC 加工程序

步骤 23：编写屏幕部件加工刀路（图 7-44）。

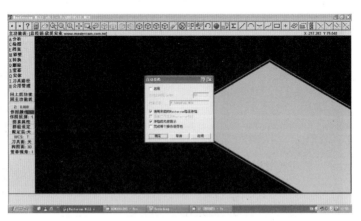

图 7-44　步骤 23

步骤 24：编写按键部件加工刀路（图 7-45）。

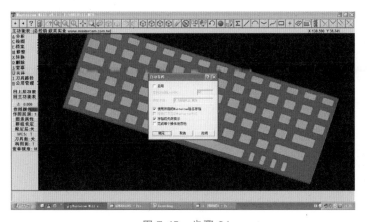

图 7-45　步骤 24

步骤 25：编写底座侧面部件加工刀路（图 7-46）。

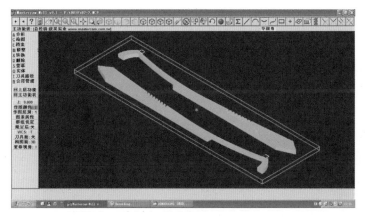

图 7-46　步骤 25

步骤 26：编写亚克力部件加工刀路（图 7-47）。

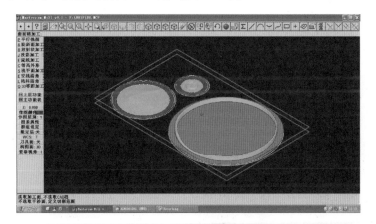

图 7-47　步骤 26

步骤 27：编写散热孔部件加工刀路（图 7-48）。

07.12　使用
Mastercam编写
笔记本电脑侧
边散热拆分件
CNC加工程序

07.13　使用
Mastercam编写
笔记本电脑亚
克力件CNC
加工程序

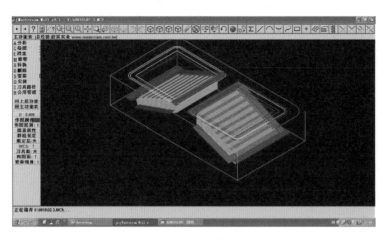

07.14 使用
Mastercam编写
笔记本电脑底
部散热拆分件
CNC加工程序

图 7-48　步骤 27

步骤 28：编写 USB 和 HDMI 接口的盖板部件加工刀路（图 7-49）。

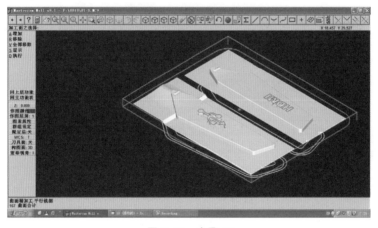

图 7-49　步骤 28

步骤 29：编写转轴底座部分的拆分件的加工刀路（图 7-50）。

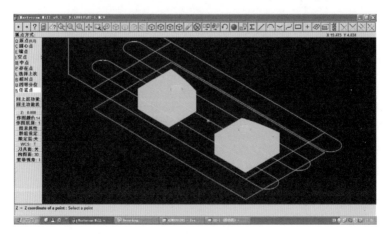

07.15 使用
Mastercam编写
笔记本电脑旋
钮与转轴拆分
件CNC加工
程序

图 7-50　步骤 29

步骤 30：编写笔记本电脑开关按键部件的加工刀路（图 7-51）。

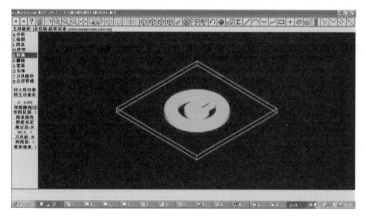

图 7-51　步骤 30

步骤 31：编写大旋钮部件加工刀路（图 7-52）。

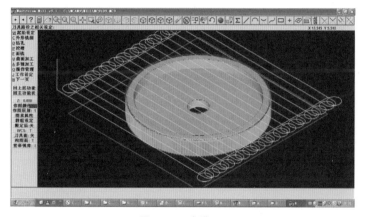

图 7-52　步骤 31

步骤 32：编写转轴部件加工刀路（图 7-53）。

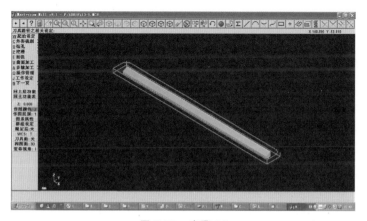

图 7-53　步骤 32

步骤 33：编写扬声器部件加工刀路（图 7-54）。

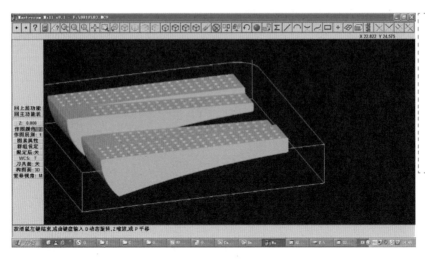

图 7-54　步骤 33

07.16 使用Mastercam编写笔记本电脑音响拆分件CNC加工程序

2. CNC 加工

步骤 1：清理笔记本电脑上盖加工板材（图 7-55）。

步骤 2：根据加工要求安装刀具，Z 轴定位（图 7-56）。

图 7-55　步骤 1

图 7-56　步骤 2

07.17 使用CNC加工中心进行笔记本电脑底座与上盖拆分件加工

步骤 3：用 502 胶将板材固定在加工台面上（图 7-57）。

步骤 4：进行 CNC 加工（图 7-58）。

图 7-57　步骤 3

图 7-58　步骤 4

步骤 5：加工完成，取下加工件（图 7-59）。

产品设计手板模型制作案例解析

步骤 6：将加工件另一面固定在加工台面上（图 7-60）。

图 7-59　步骤 5

图 7-60　步骤 6

步骤 7：进行笔记本电脑上盖背面加工（图 7-61）。

步骤 8：取下加工件（图 7-62）。

图 7-61　步骤 7

图 7-62　步骤 8

步骤 9：笔记本电脑背面加工完成（图 7-63）。

步骤 10：将板材固定在加工台面上（图 7-64）。

图 7-63　步骤 9

图 7-64　步骤 10

步骤 11：根据加工要求安装刀具，Z 轴定位（图 7-65）。

步骤 12：进行底座正面加工（图 7-66）。

步骤 13：进行精修加工（图 7-67）。

步骤 14：取下加工件（图 7-68）。

步骤 15：在加工面浇注石膏（图 7-69）。

步骤 16：清理定位槽（图 7-70）。

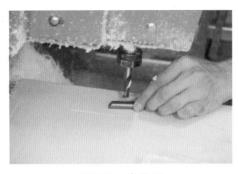

图 7-65　步骤 11

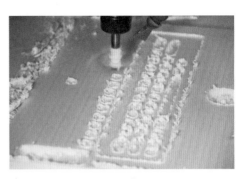

图 7-66　步骤 12

图 7-67　步骤 13

图 7-68　步骤 14

图 7-69　步骤 15

图 7-70　步骤 16

步骤 17：将加工件固定在加工台面上（图 7-71）。

步骤 18：进行底座背面 CNC 加工（图 7-72）。

图 7-71　步骤 17

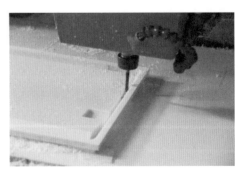

图 7-72　步骤 18

步骤 19：取下加工件（图 7-73）。

步骤 20：笔记本电脑底座 CNC 加工完成（图 7-74）。

图 7-73　步骤 19

图 7-74　步骤 20

步骤 21：进行笔记本电脑按键的 CNC 加工（图 7-75）。

步骤 22：正面加工完成（图 7-76）。

图 7-75　步骤 21

图 7-76　步骤 22

步骤 23：进行转轴 CNC 加工（图 7-77）。

步骤 24：转轴加工完成（图 7-78）。

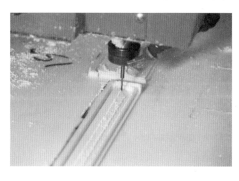

图 7-77　步骤 23

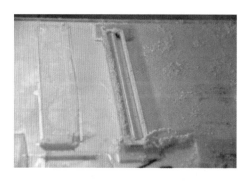

图 7-78　步骤 24

步骤 25：笔记本电脑侧面 USB 和 IIDMI 接口盖板加工（图 7-79）。

步骤 26：加工完成（图 7-80）。

步骤 27：进行大旋钮 CNC 加工（图 7-81）。

步骤 28：加工完成（图 7-82）。

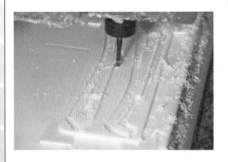

图 7-79　步骤 25

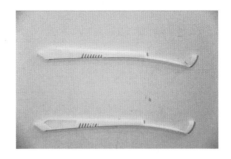

图 7-80　步骤 26

图 7-81　步骤 27

图 7-82　步骤 28

07.18　使用CNC加工中心进行笔记本电脑旋钮与散热拆分件加工

步骤 29：进行扬声器拆分件加工（图 7-83）。

步骤 30：加工完成（图 7-84）。

图 7-83　步骤 29

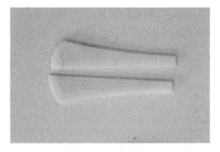

图 7-84　步骤 30

步骤 31：笔记本电脑 ABS 材质部分加工完成（图 7-85）。

步骤 32：进行亚克力材质的大旋钮开关键和摄像头加工（图 7-86）。

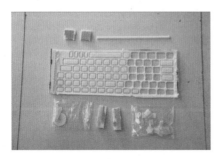

图 7-85　步骤 31

图 7-86　步骤 32

步骤 33：同时进行加水降温（图 7-87）。

步骤 34：加工完成（图 7-88）。

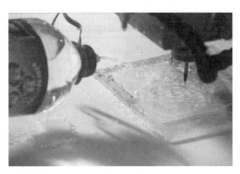
图 7-87　步骤 33

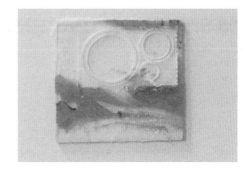
图 7-88　步骤 34

步骤 35：进行屏幕的 CNC 加工（图 7-89）。

步骤 36：加工完成（图 7-90）。

图 7-89　步骤 35

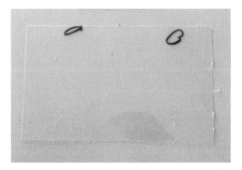
图 7-90　步骤 36

步骤 37：进行结构面板拆分件的 CNC 加工（图 7-91）。

步骤 38：加工完成（图 7-92）。

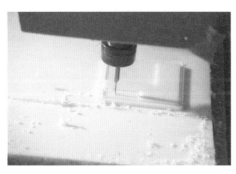
图 7-91　步骤 37

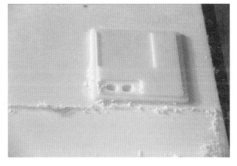
图 7-92　步骤 38

（四）后期表面处理

步骤 1：用白电油清洗 USB 和 HDMI 接口的盖板（图 7-93）。

步骤 2：去除盖板的加工毛刺（图 7-94）。

07.19 使用砂纸和刮刀进行笔记本电脑底座加工件后期手工修正与组装工作

图 7-93　步骤 1　　　　　　　　　　图 7-94　步骤 2

步骤 3：清洗其他拆分件（图 7-95）。

步骤 4：去除加工件毛刺（图 7-96）。

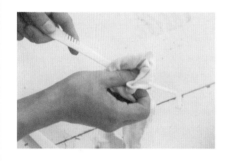

图 7-95　步骤 3　　　　　　　　　　图 7-96　步骤 4

步骤 5：用 502 胶将侧面拆分件与底座组装到一起（图 7-97）。

步骤 6：用 502 胶将扬声器组装到底座（图 7-98）。

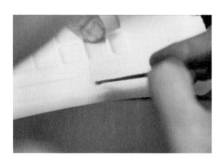

图 7-97　步骤 5　　　　　　　　　　图 7-98　步骤 6

步骤 7：用铲刀清理散热口的装配槽（图 7-99）。

步骤 8：将散热口的拆分件组装到底座（图 7-100）。

步骤 9：用 240 号砂纸对底座进行整体修整（图 7-101）。

步骤 10：试组装转轴部分（图 7-102）。

步骤 11：制作金属转轴（图 7-103）。

步骤 12：将转轴与上盖组装好（图 7-104）。

图 7-99　步骤 7

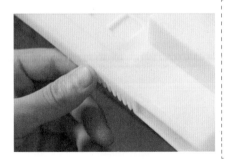

图 7-100　步骤 8

07.20　使用砂纸和刮刀进行笔记本电脑上盖与键盘加工件后期手工修正与组装工作

图 7-101　步骤 9

图 7-102　步骤 10

图 7-103　步骤 11

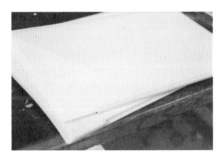

图 7-104　步骤 12

步骤 13：喷涂薄底灰（图 7-105）。

步骤 14：用 400 号砂纸进行整体打磨（图 7-106）。

图 7-105　步骤 13

图 7-106　步骤 14

第七章　综合模型设计与制作——笔记本电脑手板模型制作

步骤 15：用刮刀和铲刀精修笔记本电脑底座的细节（图 7-107）。

步骤 16：喷涂底灰（图 7-108）。

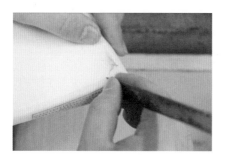 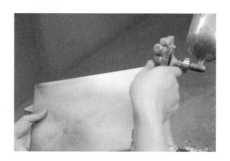

图 7-107　步骤 15　　　　　　　　　　　图 7-108　步骤 16

步骤 17：用 800 号砂纸打磨（图 7-109）。

步骤 18：其他部件打磨如上所述（图 7-110）。

图 7-109　步骤 17　　　　　　　　　　　图 7-110　步骤 18

（五）喷涂、丝印与组装

步骤 1：喷涂白底（图 7-111）。

步骤 2：用刮刀处理边角处（图 7-112）。

 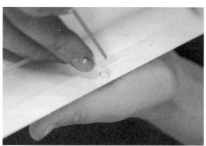 

07.21　借助
PANTONE色
卡调漆喷涂
表面处理效果

图 7-111　步骤 1　　　　　　　　　　　图 7-112　步骤 2

步骤 3：用腻子进行修补（图 7-113）。

步骤 4：用 1000 号砂纸进行整体打磨修正（图 7-114）。

产品设计手板模型制作案例解析

图 7-113　步骤 3

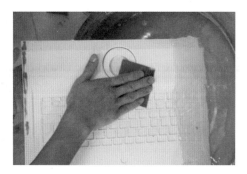

图 7-114　步骤 4

步骤 5：喷涂油漆，光油（图 7-115）。

步骤 6：根据按键大旋钮的表面处理效果喷漆（图 7-116）。

图 7-115　步骤 5

图 7-116　步骤 6

步骤 7：在预制的键盘底座上粘贴双面胶（图 7-117）。

步骤 8：将按键固定在键盘底座上（图 7-118）。

图 7-117　步骤 7

图 7-118　步骤 8

步骤 9：固定网版（图 7-119）。

步骤 10：放置油墨，用网版刷过油墨（图 7-120）。

步骤 11：键盘的丝网印制作完成（图 7-121）。

步骤 12：制作大旋钮亚克力材质的丝网印（图 7-122）。

步骤 13：组装大旋钮（图 7-123）。

步骤 14：组装开关键和嵌件（图 7-124）。

图 7-119　步骤 9

图 7-120　步骤 10

07.22 借助
PANTONE色
卡调油墨丝印
拆分件并组装
笔记本电脑

图 7-121　步骤 11

图 7-122　步骤 12

图 7-123　步骤 13

图 7-124　步骤 14

步骤 15：组装按键（图 7-125）。

步骤 16：组装 USB 和 HDMI 接口的盖板（图 7-126）。

图 7-125　步骤 15

图 7-126　步骤 16

产品设计手板模型制作案例解析

步骤17：组装上盖和底座（图7-127）。

步骤18：笔记本电脑手板模型制作完成（图7-128）。

图 7-127　步骤 17

图 7-128　步骤 18

（六）成品展示

笔记本电脑手板模型制作效果如图7-129所示。

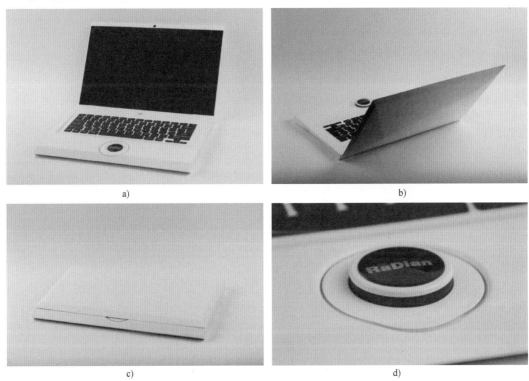

图 7-129　笔记本电脑手板模型

五、考核与评分标准

（一）学习效果自测

1. 笔记本电脑（手板）模型的加工部件可以归纳成几个部分？

答：笔记本电脑手板模型由十个不同的部分组成，分别是底座、上盖、屏幕、摄像头、全键盘、开关键、大旋钮、侧面结构面板、散热面板和转轴。

2. 笔记本电脑手板模型共用到了几种材料？

答：两种材料，分别是 ABS 和亚克力。

3. 拆分部件时需要注意的事项有哪些？

答：不要在产品的受力部分进行拆分；不要影响到后期的外观效果；拆分好的部件间应该有装卡结构，以保证后续拼接。

4. 数控编程的步骤是什么？

答：将加工部件根据大小拼接在合适的原料上，指定刀具、转速、加工路径、加工厚度等参数，在软件上模拟加工，输出加工代码。

5. 反面加工时为什么要浇注石膏到正面？

答：因为加工反面时会产生热量导致工件变形，加工时刀具的切削力也会使工件变形，影响加工精度，所以需要浇注石膏。

6. 手板后处理中粘接的方式主要采用哪种？

答：主要用 502 胶蘸牙粉进行粘接。

7. 手板后处理中常用到的工具有哪些？

答：砂纸、喷枪、什锦锉、磨光机、手钻等。

8. 喷涂的颜色应该如何确定？

答：在 CMF 图示文件中会标注产品表面的 PANTONE 色号，在调漆时根据 PANTONE 色号与参考的颜色比例进行确定。

9. 调漆的步骤有哪些？

答：首先按比例放置油漆，然后将稀释液放入油漆中进行稀释，将调制好的油漆刷在纸面上与 PANTONE 色卡进行对比，确认无误后再装入喷枪，试喷在色板上，再次确认后，完成喷涂。

10. 丝网印刷的步骤有哪些？

答：将产品固定在丝网印工作台上，将网版放置在产品要印刷的表面上，用刷子蘸油漆快速刷过，取下产品。

（二）模型制作评分标准

见表 7-1。

表 7-1　综合模型的设计与制作评分标准

序号	项目	内容描述与要求	配分	得分
1	模型制作	综合模型加工文件整理、前期分析与拆图	30	
		综合模型后期手工处理、喷涂与丝印	30	
2	技术总结	加工流程记录完整	20	
		加工要求记录详尽、规范		
		加工照片与素材清晰、标准		
3	职业态度	学习过程态度端正、工作规范、工作环境整洁	20	
		学习过程出勤率高，按时完成作业		
4		总得分		

参 考 文 献

[1] 李程. 产品设计方法与案例解析 [M]. 北京：北京理工大学出版社，2017.

[2] 李汾娟，李程. Creo 3.0 项目教程 [M]. 北京：机械工业出版社，2017.

[3] 李程，廖水德. 工业设计专业校企合作手板模型课程的改革与实践 [J]. 装饰，2013（6）：106-107.

[4] 李程，廖水德. 工业设计专业校企合作手板模型工作室课程教学实践研究 [J]. 苏州工艺美术职业技术学院学报，2013（1）：17-20.

[5] 李程. 校企联合培养手板模型人才的实践研究 [J]. 设计，2012（10）：194-195.